FORSCHUNGSBERICHTE
DES WIRTSCHAFTS- UND VERKEHRSMINISTERIUMS
NORDRHEIN-WESTFALEN

Herausgegeben von Staatssekretär Prof. Leo Brandt

Nr. 119

Dr.-Ing. O. Viertel

Wäscherei- und energietechnische Untersuchung einer
Gemeinschafts-Waschanlage

im Auftrage der
Wäschereiforschung, Krefeld

Als Manuskript gedruckt

Springer Fachmedien Wiesbaden GmbH

ISBN 978-3-663-03242-7   ISBN 978-3-663-04431-4 (eBook)
DOI 10.1007/978-3-663-04431-4

Forschungsberichte des Wirtschafts- und Verkehrsministeriums Nordrhein-Westfalen

Gliederung

I.	Zweck der Untersuchung	S. 5
II.	Beschreibung der Anlage	S. 5
	1. Der Waschraum	S. 5
	2. Die Kesselanlage	S. 7
	3. Versuchsbrennstoffe	S. 8
III.	Aufbau und Durchführung der Untersuchung	S. 10
	1. Wäscheseitig	S. 10
	2. Wärmeseitig	S. 11
	a) Aufbau der Meßeinrichtungen	S. 11
	b) Durchführung der Versuche	S. 12
IV.	Ergebnisse der Untersuchungen	S. 15
	1. Wäscheseitige Ergebnisse	S. 15
	2. Wärmeseitige Ergebnisse	S. 16
	a) Mittelwerte der Ergebnisse	S. 16
	1) Saarflammkohle Nuß 1	S. 18
	2) Brechkoks 3	S. 18
	3) Brechkoks 2	S. 19
	4) Anthrazit-Eierbriketts	S. 19
	5) Bezugskröße SKE	S. 19
	6) Stromverbrauch	S. 20
	7) Mittelwerte aller Versuche	S. 20
	b) Tages-Betriebsablauf	S. 22
V.	Zusammenfassung der Ergebnisse	S. 28
	1. Leistungszahlen	S. 28
	2. Verbrauchszahlen	S. 29
	3. Wirkungsgrad	S. 29
	4. Verbesserungsmöglichkeiten der Anlage	S. 30
	5. Zweckmäßige Bedienung	S. 31
Anhang		S. 33

Forschungsberichte des Wirtschafts- und Verkehrsministeriums Nordrhein-Westfalen

I. Zweck der Untersuchung

In Zusammenarbeit mit der Gemeinschaftsorganisation Ruhrkohle, Essen, und der Oberrheinischen Kohlenunion, Mannheim, wurde eine ländliche Gemeinschafts-Waschanlage untersucht. Da solche Anlagen bisher noch nicht geprüft worden waren, wurden die Ziele der vorliegenden Untersuchung möglichst umfassend angesetzt. Vor allem sollten ermittelt werden:

1.1. Wäschedurchsatz und Maschinenausnutzung.

1.2. Kaltwasserverbrauch, Warmwasserverbrauch und Kohlenverbrauch bzw. Wärmeverbrauch je 1 kg Trockenwäsche sowie Stromverbrauch.

1.3. Ermittlung des Wirkungsgrades der Gesamtanlage (Kessel und Wärmeverbrauchsstellen).

1.4. Möglichkeiten von wärme- und arbeitswirtschaftlichen Verbesserungen der Anlage.

1.5. Anleitung für die zweckmäßige Bedienung der Kesselanlage und der Wäscherei.

II. Beschreibung der Anlage

Die Waschanlage befindet sich in einem für diesen Zweck erstellten Neubau (Abb. 1). In dem Erdgeschoß sind der Waschraum (in Abb. 1, vorne links) und die Bade- und Brauseräume untergebracht. Kesselanlage, Warmwasserboiler, die Dampfleitungen zu den Verbrauchsstellen und die Kondensatrückleitungen befinden sich im Kellergeschoß.

1. Der Waschraum

Der ca. 80 m^2 große Waschraum enthält:

4 Trommelwaschmaschinen (Frontal) (Abb. 2)
 zul. Füllung 7 kg Trockenwäsche

1 Wäscheschleuder (Abb. 4)
 zul. Füllung 7 kg Trockenwäsche

1 Tumbler (Abb. 4)
 zul. Füllung 12 kg Trockenwäsche

Forschungsberichte des Wirtschafts- und Verkehrsministeriums Nordrhein-Westfalen

Aufnahmen der untersuchten Gemeinschafts-Waschanlage

Abbildung 1
Wäschereigebäude

Abbildung 2
(Waschmaschinen 7 kg)

Abbildung 3
Handwaschecke mit Buntwaschmaschine

Abbildung 4
Tumbler und Mangel

Forschungsberichte des Wirtschafts- und Verkehrsministeriums Nordrhein-Westfalen

1 Mangel (Abb. 4)
Größe: 250 ⌀ x 1800 mm

4 Handwaschbecken (Abb. 3)
Inhalt: je 150 Liter

1 Rührwerkwaschmaschine (Abb. 3)
zul. Füllung 4 kg Trockenwäsche

1 Wäschewagen (Abb. 4)
zur Aufnahme der tropfnassen Wäsche
Inhalt: 30 Liter

1 Wäschewagen (Abb. 4)
zur Aufnahme der geschleuderten bzw. getrockneten Wäsche
Inhalt: 60 Liter

4 Drahtkörbe (Abb. 3)
zur Aufnahme der schmutzigen Wäsche
Inhalt: 35 Liter

2 Tische
zur Wäscheablage

1 Regal
zur Aufnahme von Wasch- und Bleichmitteln.

Waschmaschinen und Waschbecken haben Kalt- und Warmwasseranschluß. Außerdem enthalten die Trommelwaschmaschinen eine indirekte Niederdruckdampfheizung.

Der Tumbler wird ebenfalls mit Niederdruckdampf geheizt.

Die Mangel hat elektrische Beheizung. Eine Wasserenthärtungsanlage war nicht vorhanden, da das Wasser praktisch keine Härtebildner enthielt.

Der Fußboden des Waschraumes ist vollständig und die Wände bis in etwa 1,60 m Höhe vom Fußboden mit Fliesen belegt. Der Raum ist durch 8 Fenster gut erhellt. Für die künstliche Beleuchtung sind an der Decke 4 Leuchtröhren angeordnet.

2. Die Kesselanlage

In dem Kesselraum befinden sich 1 ovaler Stahlblech-Unterbrand-Kessel von 6 m^2 Heizfläche und 1 Warmwasserboiler von 400 Liter Inhalt. Der um

3 Treppenstufen vertieft angelegte Kohlenkeller ist nur vom Kesselraum aus zugänglich, enthält den Sammelbehälter für das rücklaufende Kondensat und in der Ecke den Schornstein, mit dem der Kessel durch einen kurzen Fuchs verbunden ist.

Das Lichtbild (Abb. 5) zeigt den Kessel mit Manometer, dampfdruckgesteuertem Verbrennungsregler, Schwimmerschalter für die Kondensatpumpe, Kondensatpumpe (rechts unten) und den Dampfverteiler hinter dem Kessel. In Abbildung 6 ist der Boiler mit Wasseruhr im Kaltwasserzulauf gezeigt. Der Kondensatsammelbehälter mit den Kondensatleitungen, Schornstein und Fuchsanschluß sind in Abbildung 7 ersichtlich.

Der Rost hat bei 430 mm Länge und 450 mm Breite eine Fläche von 0,193 m^2 und besteht aus 15 Einzelroststäben von 15 mm Brennbahnbreite und 15 mm Rostspaltweite. Das Verhältnis von Rostfläche zu Heizfläche beträgt 1:32,3.

3. Versuchsbrennstoffe

Als Versuchsbrennstoffe dienten Saarflammkohle Nuß 1, Brechkoks 3, Brechkoks 2 und 50 g-Anthrazit-Eierbriketts. Die wichtigsten Analysenwerte dieser Brennstoffe waren:

Brennstoff	Wasser %	Asche %	Flücht. Bestandt. %	Heizwert kcal/kg
Saarflammkohle Nuß 1	1,3	6,6	34,4	7568
Brechkoks 3	9,4	8,9	1,0	6423
Brechkoks 2	1,5	9,7	0,7	7007
Anthr.-Eierbriketts	1,6	7,9	9,5	7594

Hinsichtlich ihres Gehaltes an flüchtigen Bestandteilen und somit auch hinsichtlich ihres Brennverhaltens lagen diese Brennstoffe sehr weit auseinander. Der niedrige Wassergehalt des Brechkoks 2 ist darauf zurückzuführen, daß dieser Brennstoff längere Zeit im Kohlenkeller gelagert hatte.

Forschungsberichte des Wirtschafts- und Verkehrsministeriums Nordrhein-Westfalen

Aufnahmen der untersuchten Gemeinschafts-Waschanlage

Abbildung 5
Kessel

Abbildung 6
Boiler

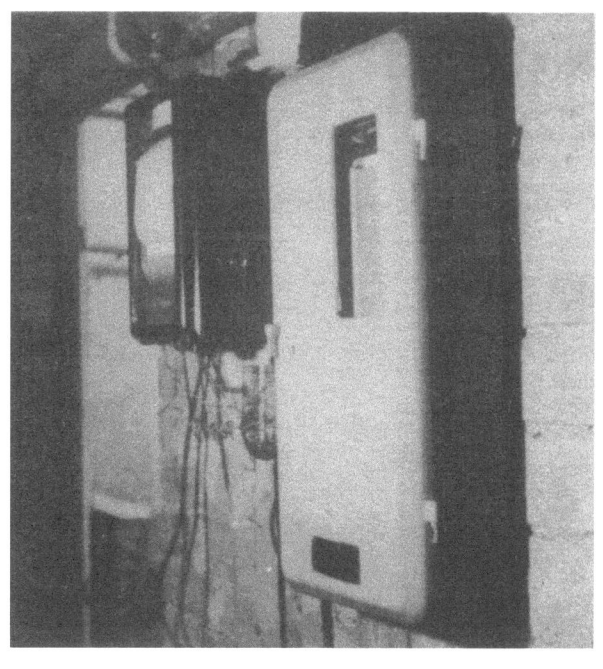

Abbildung 7
Kondensatmessung

Abbildung 8
Temperaturschreiber
Rauchgasschreiber

Forschungsberichte des Wirtschafts- und Verkehrsministeriums Nordrhein-Westfalen

III. Aufbau und Durchführung der Untersuchung

1. Wäscheseitig

Die Anlieferung von Trockenwäsche erfolgte getrennt nach Kochwäsche und Buntwäsche. Die Buntwäsche wurde noch unterteilt nach Handwäsche und Maschinenwäsche, wobei für die Maschinenwäsche eine Rührwerkswaschmaschine Verwendung fand.

Als Waschlauge für die Buntwäsche wurde zum größten Teil die in einem Sammelbecken aufgefangene Klarwaschlauge und Heißspüllauge der Trommelwaschmaschinen benutzt.

Waschverfahren und Arbeitsablauf wurden während der Versuchszeit nicht geändert und waren wie folgt festgelegt.

Waschverfahren:

Trommelwaschmaschinen

	Temperatur	Flottenverhältnis
1) Vorwaschen	45 °C	1:5
2) 1. Lauge	60 "	1:5
3) Zwischenspülen	60 "	1:5
4) 2. Lauge	85 "	1:5
5) Heißspülen	80 "	1:5
6) Warmspülen	60 "	1:5
7) Durchlaufspülen kalt.		

Rührwerkswaschmaschine

Zum größten Teil wurde gebrauchte Lauge der Trommelwaschmaschinen verwendet.

Bei Neuansatz von Lauge:

	Temperatur	Flottenverhältnis
1) Waschbad	60 °C	1:15
2) Warmspülen von Hand	40 °C	1:15
3) Kaltspülen.		

Handwaschen

Zum größten Teil wurde gebrauchte Lauge der Trommelwaschmaschinen verwendet.

Bei Neuansatz von Lauge:

	Temperatur	Flottenverhältnis
1) Waschbad	40 °C	1:10
2) Warmspülen	40 °C	1:15
3) Kaltspülen.		

Arbeitsablauf

Die Wäsche wurde nach einem wochenweise festgelegten Stundenplan angeliefert und zwar jeweils 4 Trommelfüllungen gleichzeitig. Die Wäsche war mit Ausnahme sehr schmutziger Arbeitskleidung nicht eingeweicht. Außer den 4 Trommelfüllungen brachten die Hausfrauen meist etwas Buntwäsche für Handwäsche oder Rührwerkswaschmaschine mit und wuschen diese Buntwäsche, während ihre Kochwäsche in den Trommelwaschmaschinen bearbeitet wurde. Die Bedienung der Trommelwaschmaschinen erfolgte durch eine Angestellte, ebenso das anschließende Schleudern und eventuell das Trocknen und Mangeln. Lediglich das Zusammenlegen der fertigen Wäsche übernahm die Hausfrau wieder selbst.

Die Anlieferung der Wäsche erfolgte in Abständen von ca. 1 1/2 Stunden. Neben der durchgesetzten Wäschemenge für Waschmaschinen, Schleuder und Mangel wurden jeweils die Durchsatzzeiten bestimmt.

2. Wärmeseitig

Die umfassende Aufgabenstellung der Untersuchungen (s. oben 1) erforderte einen im Rahmen der gegebenen Möglichkeiten wohldurchdachten Aufbau der Meßeinrichtungen und eine möglichst genaue Durchführung der Untersuchungen vor allem für die wärmetechnische Seite der Waschanlage.

a) Aufbau der Meßeinrichtung

Den Aufbau der gesamten Waschanlage zeigt Abbildung 9 - 11 schematisch.

Der Dampf strömt von dem Kessel zum Verteiler und von dort in 3 Einzelsträngen zu den Waschmaschinen, dem Trockner und dem 400 Liter-Boiler. Das Kondensat läuft von den Dampfverbrauchsstellen in getrennten Leitungen zu einem Sammelbehälter und von dort in gemeinsamer Leitung zu einer Pumpe, die es in den Kessel pumpt. Die Pumpe wird intermittierend über einen Schwimmerschalter beim tiefsten Wasserstand im Kessel eingeschaltet. Die Laufzeiten der Pumpe liegen im allgemeinen bei 40 bis

60 sec je Einschaltspiel. Der Verteiler entwässert über eine Schleife ebenfalls in den Kondensat-Sammelbehälter. Das warme Gebrauchswasser fließt unter Leitungsdruck vom Boiler zu den Waschbottichen, den Brausen und Badewannen.

Der Kessel mit Manometer und Wasserstandglas ist mit einem kurzen Fuchs an einen Schornstein von etwas 9 m Höhe angeschlossen. Der Schornsteinzug kann mittels eines Schiebers im Fuchs gedrosselt werden.

Die bauliche Ausführung der Anlage gestattet eine getrennte Messung des Dampfverbrauchs der Waschmaschinengruppe, des Trockners, des Boilers und der Dampfniederschläge in den Leitungen. Aus der Summe der einzelnen Dampfverbrauchszahlen ließ sich die Kesselleistung unmittelbar bestimmen.

Ferner war eine mittelbare Bestimmung der Kesselleistung über Brennstoffverbrauch und Abgasverluste möglich. Dementsprechend wurden die Meßeinrichtungen vorgesehen, die allerdings aus den Gegebenheiten heraus z.Zt. behelfsmäßig waren.

Brennstoff und Kondenswasser wurden in Gefäßen mittels Hängewaage gewogen. Abgas- und Kondenswassertemperaturen wurden von Thermoelementen auf einen 6-Farbenschreiber übertragen und gleichzeitig mit Thermometer gemessen. CO_2- und $(CO+H_2)$-Gehalt der Abgase wurden von einem Duplex-Rauchgasprüfer fortlaufend verzeichnet (Abb. 8). Für die Ermittlung der Kalt- und Warmwassermengen waren Wasseruhren eingebaut (Abb. 6). Die Zugstärke wurde mit einem Schieber im Fuchs geregelt und mittels Krell'schen Zugmessers gemessen. Die Lage der Meßstellen ist aus der Schemaskizze der Anlage (Abb. 11) zu erkennen.

b) Durchführung der Versuche

Um die Betriebs- und Bedienungsverhältnisse der Waschanlage kennen zu lernen und die Meßgeräte einspielen zu lassen, wurden mit Brechkoks 3 und mit Anthrazit-Eierbriketts Vorversuche gemacht. Trotzdem alle Messungen und Beobachtungen durchgeführt wurden, sollten diese Vorversuche gemäß vorherige Vereinbarung nicht ausgewertet werden.

Nachdem die Vorversuche gezeigt hatten, daß eine Durchführung der Messungen mit den vorgesehenen Meßeinrichtungen möglich war, wurden die Hauptversuche begonnen. An jedem Tag wurde ein Hauptversuch mit einem anderen Brennstoff durchgeführt, wobei die Brennstoffauswahl auf die

Forschungsberichte des Wirtschafts- und Verkehrsministeriums Nordrhein-Westfalen

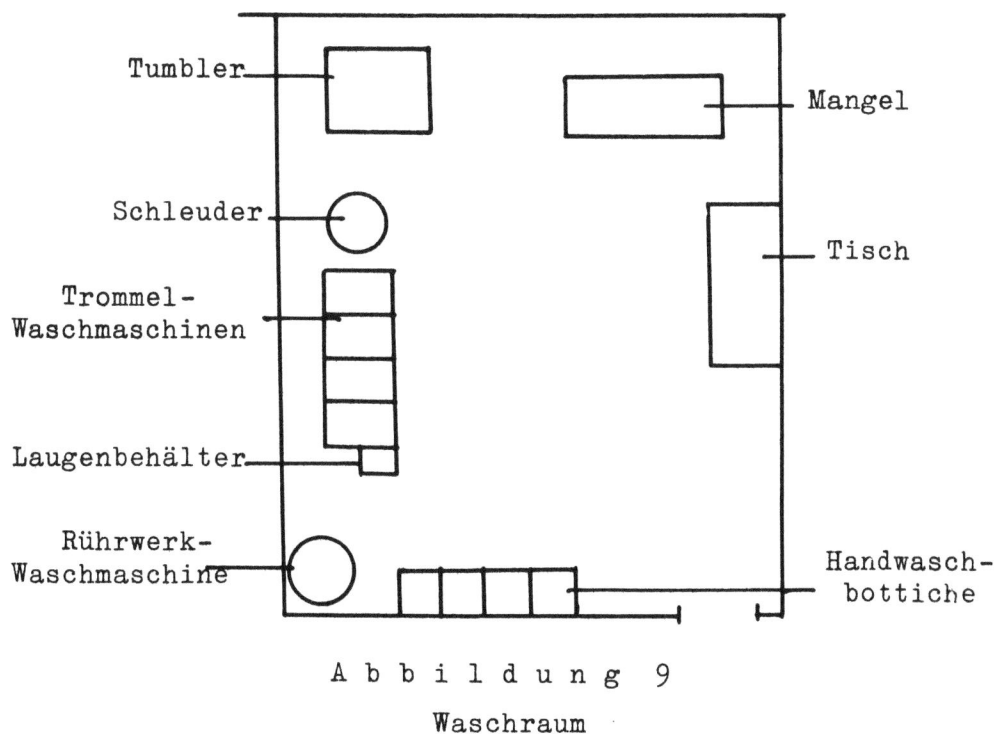

Abbildung 9
Waschraum

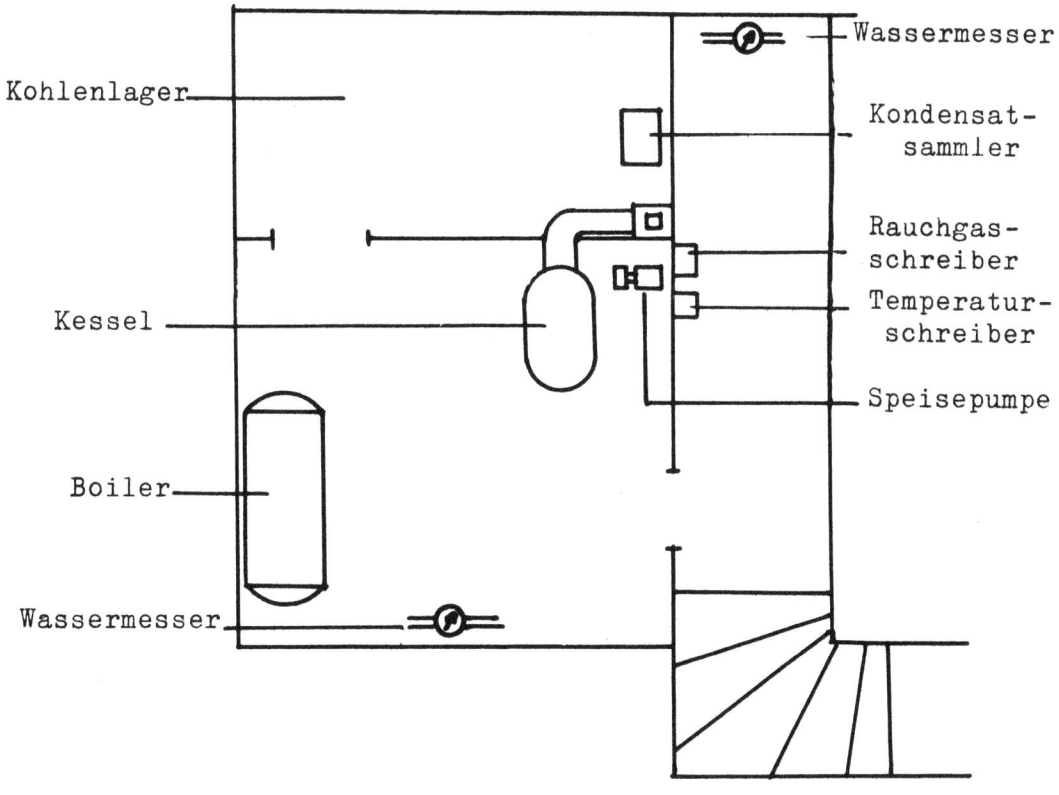

Abbildung 10
Kesselraum

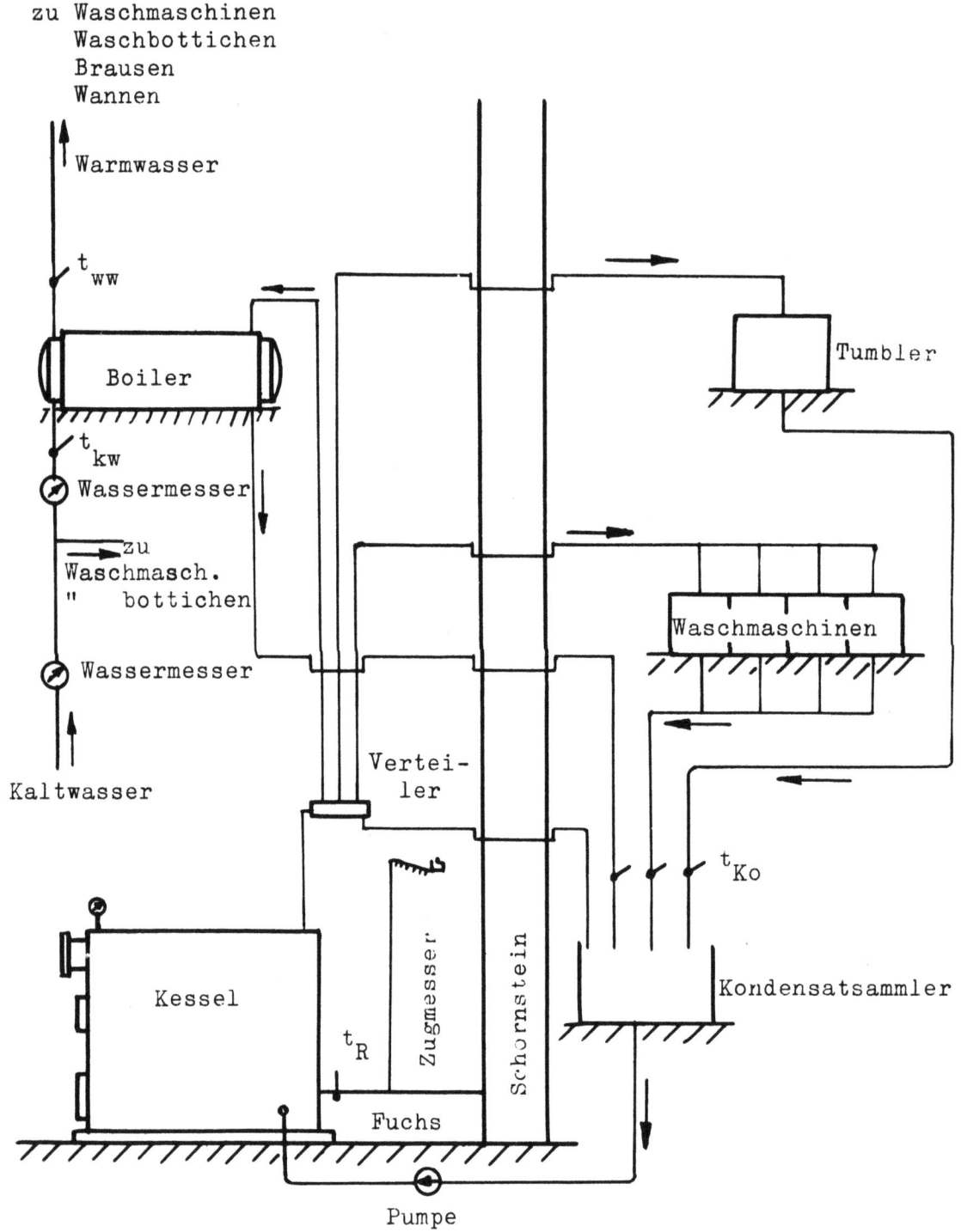

Abbildung 11
Leitungsschema

dortigen Marktverhältnisse Rücksicht nahm. So diente beim ersten Hauptversuch eine Saarflammkohle Nuß 1 als Brennstoff. Nach einem Ausfall von 2 Tagen (Samstag mit ungewöhnlichen Betriebsverhältnissen und Sonntag mit Arbeitsruhe) wurden die Hauptversuche mit Brechkoks 3, mit Brechkoks 2 und mit Anthrazit-Eierbriketts (5o g) weitergeführt.

Während der Versuche wurde durch Kontrolle der Meßgeräte und überschlägige Zwischenauswertungen der Meßergebnisse der Versuchsablauf überwacht, um etwaige Fehler baldmöglichst erkennen und abstellen zu können.

Für die Auswertung der Meßergebnisse wurden von den Brennstoffen und dem Rost- und Schürdurchfall eines jeden Versuchstages Durchschnittsproben zwecks Analyse entnommen.

Die tägliche Dauer der Versuche richtet sich nach den Betriebszeiten der Waschanlage. Der Arbeitsablauf in der Wäscherei wurde ungestört gelassen.

IV. Ergebnisse der Untersuchungen

1. Wäscheseitige Ergebnisse

Die Versuche liefen über insgesamt 5 Tage. Die Arbeitszeit betrug durchschnittlich 11 Stunden je Tag, ausschließlich Anheizzeit von ca. 1 Stun für den Kessel.

Die Trommelwaschmaschinen wurden durchschnittlich 7 mal pro Tag gefüllt. Entsprechend betrug die Anzahl der Schleuderfüllungen 4 x 7 = 28 pro Tag. Die Benutzung der übrigen Maschinen wie Rührwerkswaschmaschinen, Tumbler und Mangel erfolgte nur unregelmäßig je nach Bedarf.

Die verhältnismäßig geringe Benutzung der Trockeneinrichtung war jahreszeitlich bedingt, da viele Hausfrauen im Freien trockneten.

Die Versuchsergebnisse sind in einer Zahlentabelle und verschiedenen Diagrammen zusammengefaßt.

Die gewaschene und geschleuderte Wäschemenge, unterteilt nach Kochwäsche (Trommelwaschmaschinen), Buntwäsche (Rührwerkswaschmaschine, Handwäsche), ist jeweils als Tagesmenge über 4 Versuchstage und als mittlere Tagesmenge in anliegender Zahlentabelle enthalten. Die durch Tumbler und Mangel durchgesetzte Wäschemenge wird in gleicher Weise angegeben.

Als reine Waschzeit für die Trommelwaschmaschine wurde im Mittel 1 Stunde benötigt. Die dadurch zum Handwaschen und zum Waschen mit der Rührwerkswaschmaschine zur Verfügung stehende Zeit reichte oft nicht aus.

Dies wird auch zum Teil daran gelegen haben, daß der Platz für die Handwäsche verhältnismäßig klein ist und eine gegenseitige Behinderung der Frauen erfolgt.

Für die Wäscheschleuder, die eine Trommelfüllung (7-8 kg) aufnahm, wurde im Mittel eine reine Schleuderzeit von 5 Minuten angewendet. Hierbei betrug die Restfeuchtigkeit ca. 55 % des Wäschetrockengewichts.
Die Kapazität der Schleuder reichte aus, um sowohl Maschinenwäsche als auch Handwäsche zu verarbeiten.

Der Tumbler mit einem günstigsten Füllgewicht von 12 kg Trockenwäsche wurde nur zum Teil ausgenutzt, da die meisten Hausfrauen infolge der sommerlichen Witterung im Freien trockneten.

2. Wärmeseitige Ergebnisse

Die Auswertung der Messungen erfolgte in der bei solchen wärmetechnischen Untersuchungen üblichen Weise. Dabei wurden einmal die Mittelwerte für jeden Versuchstag gebildet und zum anderen auch der zeitliche Betriebsablauf während eines jeden Versuchstages festgehalten.

a) Mittelwerte der Ergebnisse

Die Mittelwerte für jeden Versuchstag sind in der anliegenden Zahlentabelle zusammengestellt. Außerdem enthält die Zahlentabelle eine Gegenüberstellung des theoretischen mit dem praktischen Wärmeverbrauchs. Sie ist nachfolgend etwas erläutert.

Nach dem Waschverfahren (siehe III, 1) ergibt sich für die Trommelwaschmaschinen ein theoretischer Wärmeverbrauch von 990 kcal/kg Trockenwäsche.

Für die Rührwerkswaschmaschine 900 kcal/kg Trockenwäsche.
Für die Handwäsche   600 kcal/kg Trockenwäsche.

Da der Warmwasserverbrauch für die Trommelwaschmaschinen, Rührwerkswaschmaschine und Handwäsche nur gemeinsam gemessen werden konnte, mußte er im einzelnen nach der Wäschemenge geschätzt werden. Dabei wurde berücksichtigt, daß der Wärmeverbrauch für Rührwerkswaschmaschinen und Handwäsche infolge Wiederverwendung gebrauchter Lauge nur etwa 20 % des Sollwertes betrug.

Forschungsberichte des Wirtschafts- und Verkehrsministeriums Nordrhein-Westfalen

Damit ergibt sich für die Rührwerkswaschmaschine ein theoretischer

Wärmeverbrauch von 180 kcal/kg Trockenwäsche
und für die Handwäsche 120 kcal/kg Trockenwäsche.

Als Tagesmittel über 4 Versuchstage errechnet sich für Trommelwaschmaschinen, Rührwerkswaschmaschine und Handwäsche ein theoretischer Wärmeverbrauch von insgesamt 212 000 kcal.

Der tatsächliche Wärmeverbrauch, ermittelt aus dem Dampfverbrauch, (600 kcal/kg nutzbare Dampfwärme) ergibt sich zu

$$427\ 000\ \text{kcal}.$$

Das sind 1 550 kcal/kg gewaschene Gesamt-Trockenwäsche. Der Ausnutzungsgrad der Dampfwärme beträgt demnach nur 50 %. Das ist sehr gering. Rechnet man für Abstrahlung und Leitungsverluste etwa 20 % der nutzbaren Dampfwärme, so müßte man auf einen Ausnutzungsgrad von etwa 80 % kommen. Demgegenüber stehen aber nur 50 %.

Es gibt 2 Gründe, die hierfür eine Erklärung geben:

aa) Ungenaue Bedienung der Waschmaschinen, d.h. es wird länger aufgeheizt und mehr Warmwasser verbraucht als nötig. Das gilt ebenfalls für die Handwäsche.

bb) Die Waschmaschinen besitzen einen Überlauf, über den Lauge und Warmwasser wegfließen kann, wenn mehr als etwa 35 Liter eingelassen werden. Am Schauglas ist dies nicht zu beobachten. Außerdem ist der Überlauf verdeckt abgeführt. Es ist unbedingt zu empfehlen, den Überlauf nicht an der Außentrommel direkt, sondern mit Hilfe eines Verbindungsrohres außerhalb der Trommel sichtbar anzuordnen. Dadurch wird vor allen Dingen vermieden, daß durch die Schöpfwirkung der Innentrommel Lauge durch Überlauf verloren geht. Es ist dann allerdings noch ratsam, zusätzlich eine Entlüftung an der Rückseite der Außentrommel anzubringen, damit der Druckausgleich nicht allein durch die Waschmitteleinfüllöffnung stattfindet.

Für den Tumbler ergibt sich der theoretische Wärmeverbrauch, unter der Voraussetzung einer Wäschefeuchtigkeit von 55 % (schleudertrocken) und einer Endfeuchtigkeit der Wäsche nach dem Trocknen im Tumbler von 20 %, mit 220 kcal/kg Trockenwäsche.

Forschungsberichte des Wirtschafts- und Verkehrsministeriums Nordrhein-Westfalen

Als Tagesmittel über 4 Versuchstage errechnet sich für den Tumbler ein theoretischer Wärmeverbrauch von 7650 kcal. Der tatsächliche Wärmeverbrauch, ermittelt aus dem Dampfverbrauch beträgt 35 000 kcal. Das sind 1 000 kcal/kg getumblerte Trockenwäsche. Der Ausnutzungsgrad der Dampfwärme errechnet sich somit zu 22 %.

Rechnet man wieder für Abstrahlungs- und Leitungsverluste etwa 20 % der nutzbaren Dampfwärme und etwa 50 % für die in der Abluft abgeführte Wärme (gilt für Tumbler ohne Ausnutzung der Abluftwärme), so müßte ein theoretischer Ausnutzungsgrad von etwa 30 % erreicht werden.

Der Grund dafür, daß diese Zahl nicht erreicht wird, dürfte in der schlechten Ausnutzung des Tumblers zu suchen sein.

1) S a a r f l a m m k o h l e N u ß 1

Während einer 12-stündigen Versuchsdauer wurde der Brennstoff mit einer gleich zu Versuchsbeginn ermittelten günstigsten mittleren Glutschichthöhe von etwa 150 mm mit Oberluftzugabe verfeuert. Bei 307 °C Abgastemperatur, 7,2 CO_2 und 0,6 % $(CO+H_2)$ ergab sich ein Kesselwirkungsgrad von 69,6 % und bei einem Heizwert von 7568 kcal/kg ein Gesamtwärmeaufwand (im Brennstoff zugeführt) von 779 500 kcal. Damit wurden 775,15 kg Dampf erzeugt und somit insgesamt 465 000 kcal nutzbar gemacht. Der Gesamtwirkungsgrad der Anlage betrug also 59,7 % und es ergab sich gegenüber dem Kesselwirkungsgrad ein Restglied von 9,9 %. Bei einer mittleren Kesselleistung von 6470 kcal/m^{2}h war die Verdampfungsziffer 7,5 kg Dampf je 1 kg Kohle. Da 103 kg Kohle verbraucht und 276,9 kg Trockenwäsche gewaschen worden waren betrug die Kennzahl (kg Kohle zu kg Wäsche) 0,37, d.h. zum Waschen von 1 kg Trockenwäsche war 0,37 kg Kohle notwendig.

Am I. Versuchstag wurden mehrere Wannen-Bäder verabreicht. Deren Warmwasserverbrauch konnte nicht genau ermittelt werden, dürfte aber auf 300-400 Liter zu schätzen sein. Insgesamt ist der Warmwasserverbrauch der Wäscherei, so daß auch dessen genaue Ermittlung keinen nennenswerten Einfluß auf die Gesamtwarmwassermenge haben würde. Ein großer Teil der Bäder wird zudem erst nach Schluß des Waschbetriebes gegeben.

2) B r e c h k o k s 3

Der II. Versuch dauerte 11,5 Stunden. Während dieser Zeit wurden 125,5 kg Koks verfeuert und bei einem Heizwert von 6423 kcal/kg eine Gesamtwärme von 806 400 kcal aufgewendet. Die Glutschichthöhe betrug 130 mm im Mittel und war sehr günstig, wie ein $(CO+H_2)$-Gehalt von nur 0,1 % bei einem CO_2-Gehalt von 12,2 % beweist. Mit einer durchschnittlichen Abgastemperatur von 299 °C ergab sich der gute Kesselwirkungsgrad von 81,5 %. Die Gesamtnutzwärme betrug 521 600 kcal. Bei einer durchschnittlichen Kesselbelastung von 7 560 kcal/m²h ergab sich eine Verdampfungsziffer von 6,9 und ein Gesamtwirkungsgrad von 64,7 % und gegenüber dem Kesselwirkungsgrad ein Restglied von 16,8 %. Die Kennzahl war 0,46 kg Koks je 1 kg Trockenwäsche bei einem Durchsatz von 268,3 kg Trockenwäsche und einem Verbrauch von 125,5 kg Koks.

3) B r e c h k o k s 3

In 10,7-stündigem Betrieb wurden am III. Versuchstag 97,5 kg Koks vom Heizwert 7 007 kcal/kg verbraucht und insgesamt 683 000 kcal im Brennstoff aufgewendet. Bei einer mittleren Glutschichthöhe von 300 mm ergab sich mit 12,0 % CO_2, 0,3 % $(CO+H_2)$ und 270 °C Abgastemperatur ein Kesselwirkungsgrad von 82,5 %. Im Dampf nutzbar gemacht wurden 464 000 kcal bei einem Gesamtwirkungsgrad von 68,0 % und einem Restglied von 14,5 %. Die mittlere Kesselleistung betrug 7230 kcal/m²h und die Verdampfungsziffer erreichte den guten Wert von 8,0. Mit 269,8 kg Wäsche ergab sich eine Kennzahl Kennzahl von 0,36 kg Koks je 1 kg Wäsche.

4) A n t h r a z i t - E i e r b r i k e t t s

Am IV. Versuchstag wurde der Kessel während 12,75 Stunden mit Anthrazit-Eierbriketts gefeuert. Bei einem Verbrauch von 104 kg Eierbriketts vom Heizwert 7 594 kcal/kg betrug der Wärmeaufwand 790 000 kcal. Mit 9,3 % CO_2, 0,4 % $(CO+H_2)$ und 274 °C mittlerer Abgastemperatur war der Kesselwirkungsgrad 70,5 %, der seiner Höhe nach vor allem durch einen Verlust an Brennbarem in Rost- und Schürdurchfall von 10,0 % bestimmt wurde. Da bei einer Dampferzeugung von 796,1 kg eine Gesamtwärme von 477 000 kcal nutzbar gemacht wurde, lag der Gesamtwirkungsgrad bei 60,4 % mit einem Restglied von 10,1 %. Die mittlere Kesselleistung betrug 6 230 kcal/m²h und die Verdampfungsziffer 7,65. Die Kennzahl ergab sich zu 0,37 kg Brennstoff je 1 kg Wäsche.

5) B e z u g s g r ö ß e S K E

Um eine einheitliche Bezugsgröße für die Leistungen mit den 4 verschiedenen Brennstoffen zu haben, wurden die Verdampfungsziffern (Spalte 32) auf

Forschungsberichte des Wirtschafts- und Verkehrsministeriums Nordrhein-Westfalen

1 SKE (= 1 kg Steinkohle von 7 000 kcal/kg Heizwert) umgerechnet. Die so ermittelten Zahlenwerte sind in Spalte 32a beigefügt. Man erkennt, daß damit die Streubereiche verengt werden; die Verdampfungsziffern liegen zwischen 7,0 bis 8,0 kg Dampf je kg SKE bei einem Mittelwert von 7,4.

6) S t r o m v e r b r a u c h

Als Stromverbraucher sind in der Anlage vorhanden: Motoren für Maschinenantrieb, Mangelheizung und Beleuchtung. Der Anschlußwert beträgt insgesamt etwa 10 kW. Der Hauptverbraucher ist die Mangelheizung mit einem Anschlußwert von 4,5 kW. Im Mittel verbraucht die Mangel etwa 60 % des Gesamtstromes. Spalte 50-53 zeigen die ermittelten Werte.

7) M i t t e l w e r t e   a l l e r   V e r s u c h e

Neben den Mittelwerten für jeder der 4 Versuchstage lassen sich auch Mittelwerte für die 4 Versuchstage zusammen bilden. Diese Mittelwerte sind in die letzte senkrechte Spalte der Zahlentabelle eingetragen und lassen erkennen:

Der Kesselwirkungsgrad betrug im Gesamtmittel 76,3 %,
der Gesamtwirkungsgrad der Anlage 63,2 % und das Restglied 12,8 %
(13,1 %).

Von der Dampfwärmemenge (= 100 %) erhielten im Gesamtmittel die Waschmaschinen 35,3 %, der Trockner 6,8 % und der Boiler für die Warmwasserbereitung 53,8 %. Durch Kondensation in den Dampfleitungen vom Verteiler bis zu den Verbrauchsstellen (Maschinen, Trockner und Boiler) gingen 4,1 % von der Dampfwärmemenge verloren.

Mit diesen Gesamtmittelwerten läßt sich das Wärmeflußbild der Waschanlage als Sankey-Diagramm (Abb. 12) aufzeichnen. Diese Abbildung zeigt anschaulich, daß von der im Brennstoff zugeführten Wärme nur rund 60 % als Nutzwärme anzusehen sind und daß der Boiler (Warmwasserbereitung) mit einem Verbrauch von rund 1/3 der im Brennstoff zugeführten Wärme der Hauptwärmeverbraucher ist. Die Kesselleistung mit 6930 $kcal/m^2h$ im Gesamtmittel entspricht ziemlich genau der Normalleistung (7 000 $kcal/m^2h$) solcher ND-Kessel, so daß der Kessel als im Durchschnitt voll belastet anzusehen ist.

Der Gesamtwasserverbrauch je kg Trockenwäsche betrug 55,0 Liter. Der theoretische Verbrauch liegt bei 43 Liter/kg.

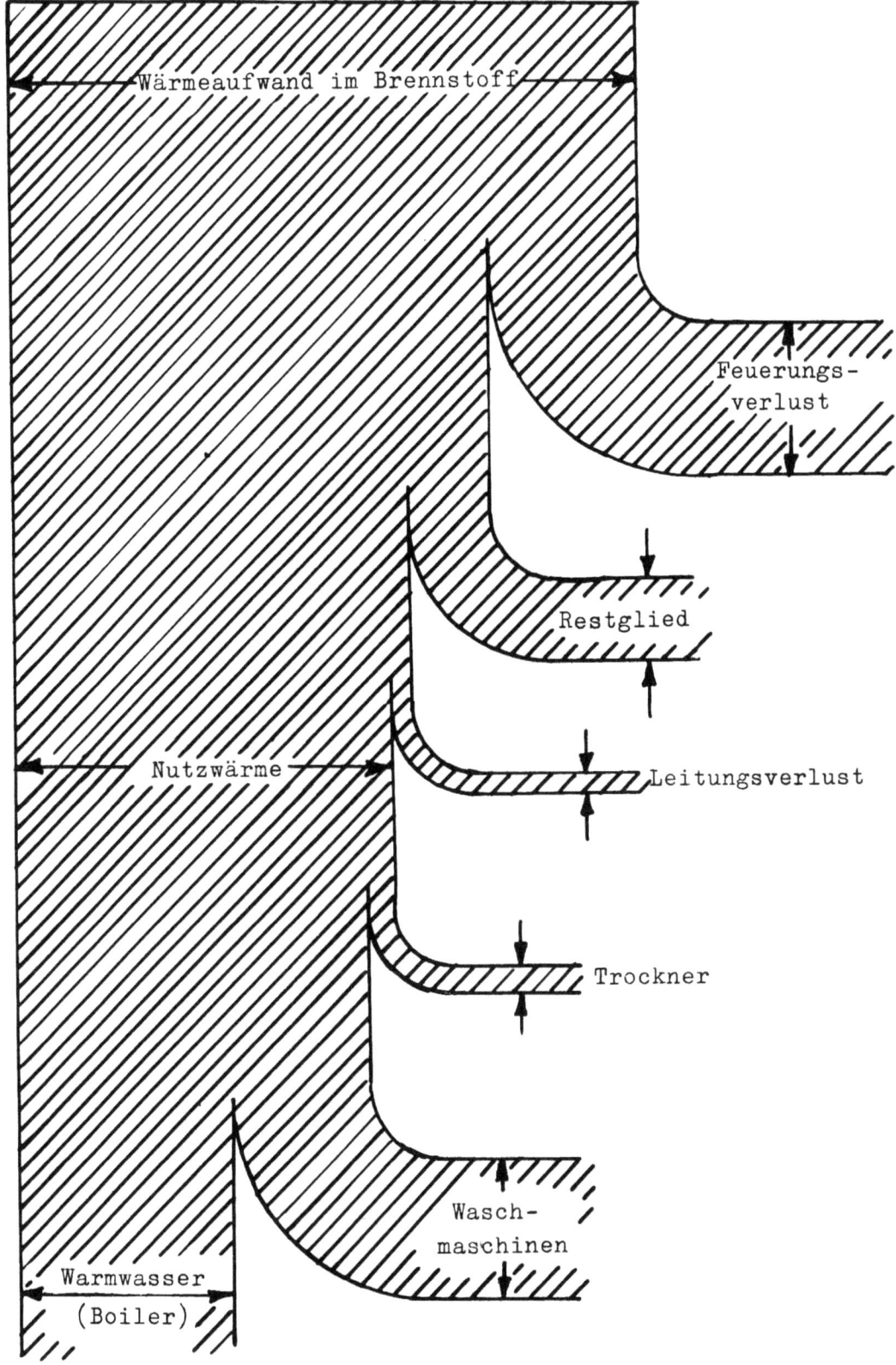

Abbildung 12
Wärmeschaubild der untersuchten Waschanlage

Forschungsberichte des Wirtschafts- und Verkehrsministeriums Nordrhein-Westfalen

Der Wäschedurchsatz betrug 274,5 kg je Arbeitstag. Davon kamen 75 % auf die Trommelwaschmaschinen, 13,5 % auf die Rührwerkswaschmaschine und 11,5 % auf die Handwäsche.

Tumbler und Mangel hatten einen geringen Wäschedurchsatz und waren nicht ausgenutzt (jahreszeitlich bedingt). Bezüglich des Gesamtwärmeverbrauchs der gewaschenen Wäsche, bezogen auf 1 kg Trockenwäsche, betrug der Dampfverbrauch 2,61 kg und der Kohlenverbrauch 0,39 kg SKE.

Die entsprechenden Verbrauchswerte für Tumbler und Mangel waren 1,8 kg Dampf je kg Trockenwäsche und 0,29 kWh je kg Trockenwäsche.

b) Tages - Betriebsablauf

Die unter a) gegebenen Werte beziehen sich auf den Tagesdurchschnitt. Die Einzelmessungen während eines jeden Versuchstages zeigten aber mehr oder weniger starke Schwankungen.

Für die Wäscheeingabe wurde von den 4 Versuchstagen ein Tag (III. Versuchstag) herausgegriffen, der etwa einem normalen Arbeitstag entsprach. Abbildung 13 zeigt die Stundenverteilung der Wäscheeingabe für Trommelwaschmaschinen, Rührwerkswaschmaschine, Handwäsche, Tumbler und Mangel. Sie zeigt eine verhältnismäßig gute Auslastung der Waschmaschinen, dagegen eine schlechte Ausnutzung von Tumbler und Mangel.

In Abbildungen 14 - 17 sind die Dampfverbrauchsmengen für die einzelnen Verbrauchsstellen (Maschinen, Trockner, Boiler), die Abgastemperaturen, die aufgegebenen Brennstoffmengen, der Dampfdruck und der Schornsteinzug zeichnerisch über der Zeit aufgetragen und zwar für jeden Versuchstag und somit für jeden Versuchs-Brennstoff besonders. Im einzelnen zeigen: Abbildung 14 den Tagesverlauf vorgenannter Größen am I. Versuchstag bei Verfeuerung von Saarflammkohle Nuß 1, Abbildung 15 die Verfeuerung von Brechkoks 3, Abbildung 16 bei Verfeuerung von Brechkoks 2 und Abbildung 17 bei Verfeuerung von Anthrazit-Eierbriketts.

Die Dampfverbrauchs-Diagramme der Abbildungen 14 - 17 zeigen, daß der jeweilige Dampfverbrauch sehr stark um seinen Tagesmittelwert schwankt; diese Schwankungen sind von Zeitpunkt und Dauer der Einschaltung der Dampfverbrauchsstellen (Waschmaschinen, Trockner, Boiler) abhängig. Die Dampfverbrauchsspitzen traten dann auf, wenn alle Waschmaschinen gleichzeitig in Betrieb waren. Umgekehrt war der Dampfverbrauch in der Regel

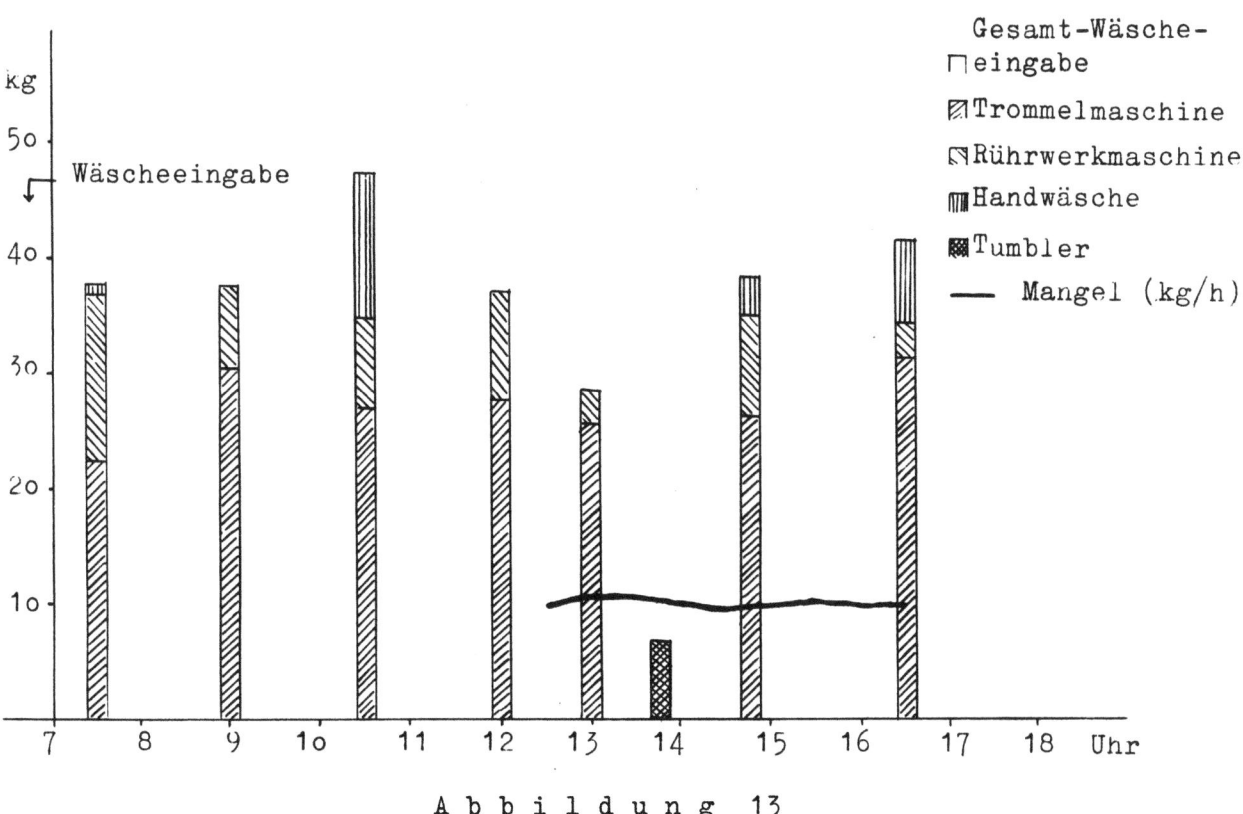

Abbildung 13
Mittlere Stundenverteilung der Wäscheeingaben

dann am niedrigsten, wenn alle Waschmaschinen außer Betrieb waren. Gegenüber dem mittleren Dampfverbrauch, der in die Dampfverbrauchs-Diagramme eingetragen ist, waren die Schwankungen sehr groß und erreichten Werte von 29 bis 186 % des mittleren Dampfverbrauchs. Diese Schwankungen traten oft in kurzer Zeit auf, so z.B. von 57 % auf 141 % des Mittelwertes innerhalb einer Viertelstunde.

Diesen Schwankungen des Dampfverbrauchs folgt natürlich der Dampfdruck im umgekehrten Sinne. Steigt der Dampfverbrauch stark an, so fällt der Druck; fällt der Dampfverbrauch, so steigt der Dampfdruck. Eine plötzliche große Dampfentnahme kann also dazu führen, daß z.B. die Waschmaschinen vorübergehend nur noch sehr wenig Dampf erhalten und der Waschvorgang verlängert wird.

Die Dampfverbrauchs-Diagramme der Abbildungen 14 - 17 zeigen ferner, daß durch einen überdeckenden Lauf der Waschmaschinen (d.h. nicht alle 4 Waschmaschinen gleichzeitig oder fast gleichzeitig ein- oder ausgeschaltet, sondern jeweils nur 1-3 Maschinen in oder außer Betrieb) die Dampfverbrauchs-Schwankungen gemildert wurden.

Forschungsberichte des Wirtschafts- und Verkehrsministeriums Nordrhein-Westfalen

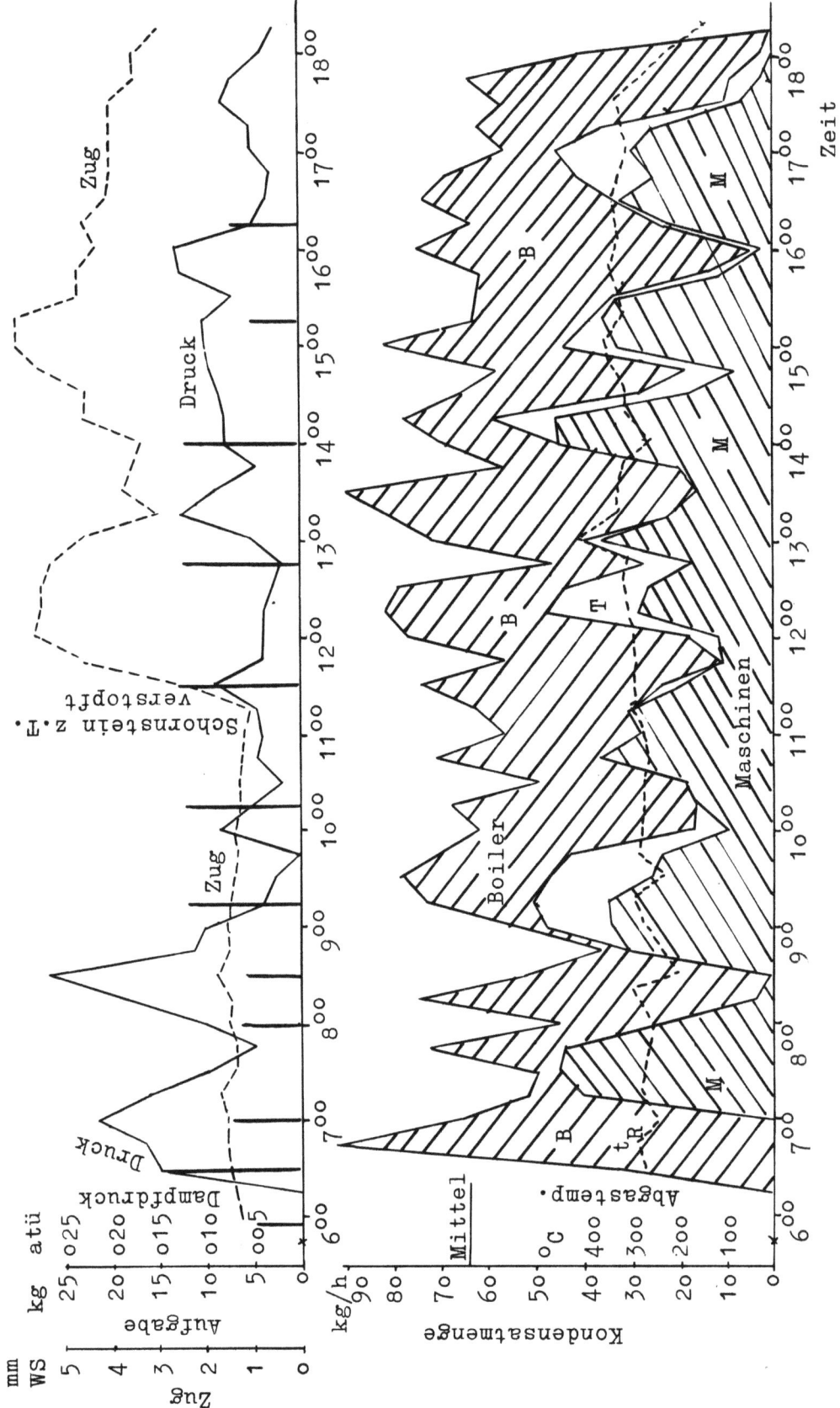

Abbildung 14

Dampfverbrauch, Dampfdruck, Kohleverbrauch und Schornsteinzug über einen Versuchstag bei Verfeuerung von Saarflammkohle Nuß 1

Forschungsberichte des Wirtschafts- und Verkehrsministeriums Nordrhein-Westfalen

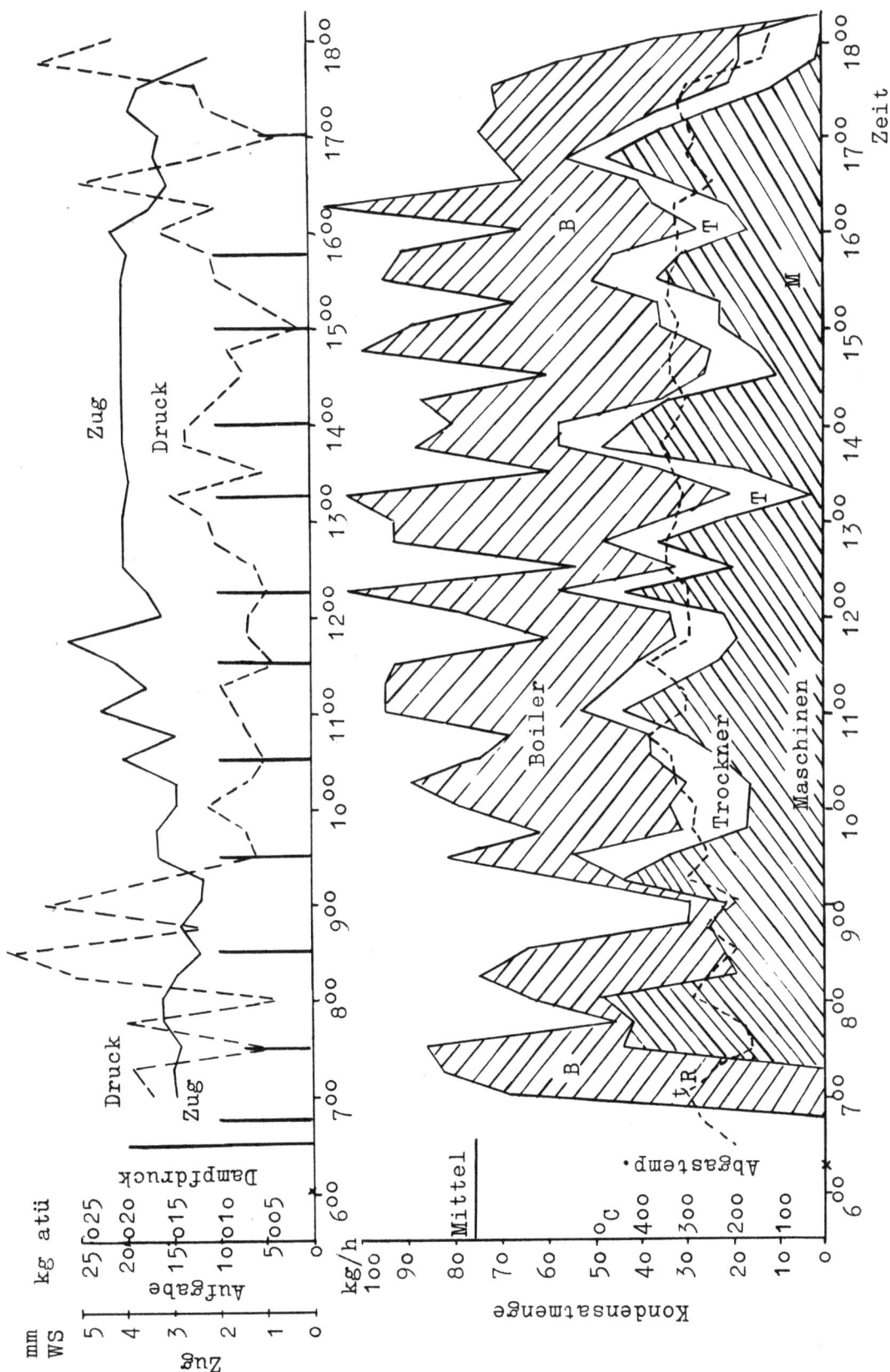

Abbildung 15

Dampfverbrauch, Dampfdruck, Kohleverbrauch und Schornsteinzug über einen Versuchstag bei Verfeuerung von Brechkoks 3

Forschungsberichte des Wirtschafts- und Verkehrsministeriums Nordrhein-Westfalen

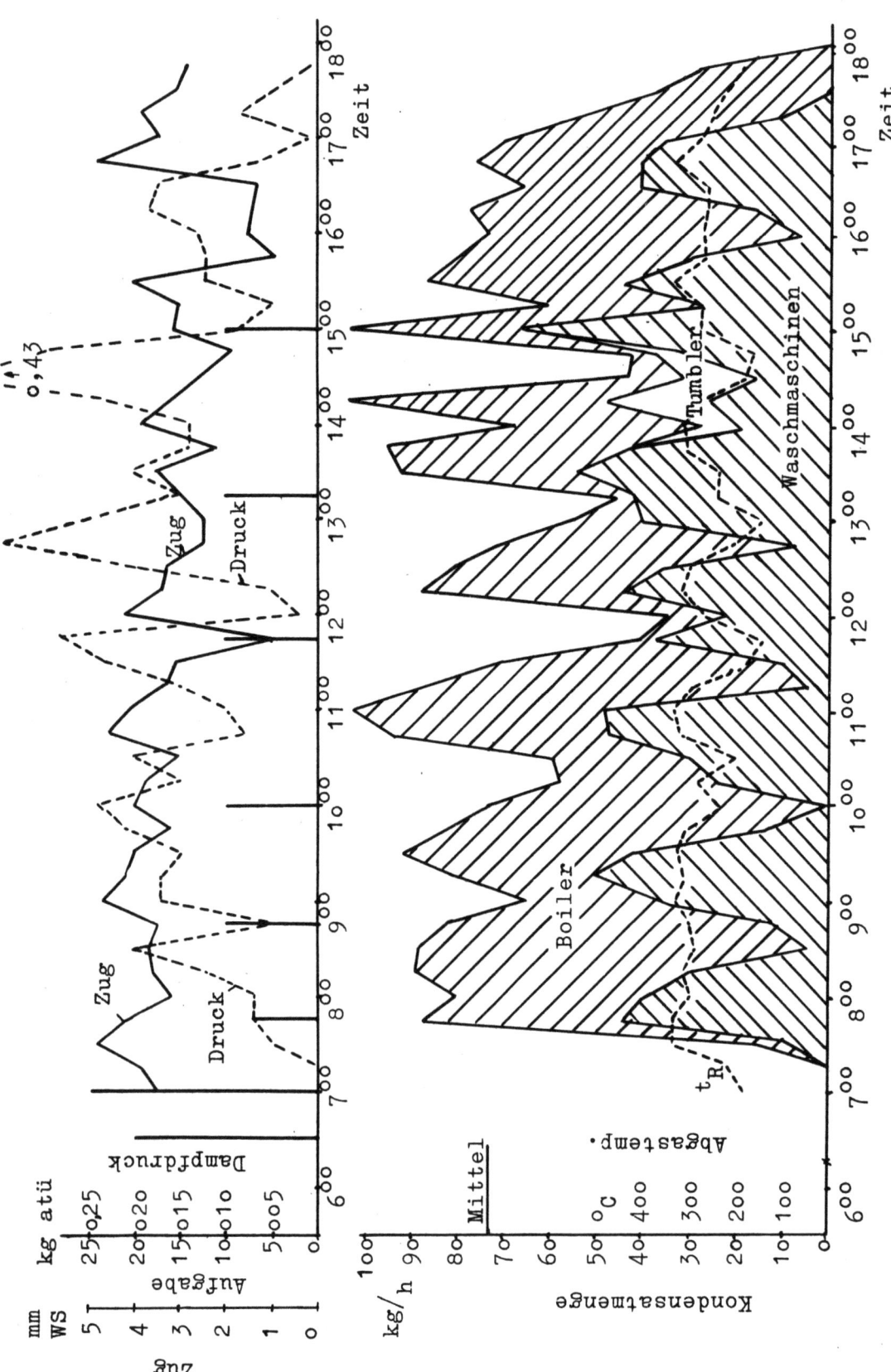

Abbildung 16

Dampfverbrauch, Dampfdruck, Kohleverbrauch und Schornsteinzug über einen Versuchstag bei Verfeuerung von Brechkoks 2

Forschungsberichte des Wirtschafts- und Verkehrsministeriums Nordrhein-Westfalen

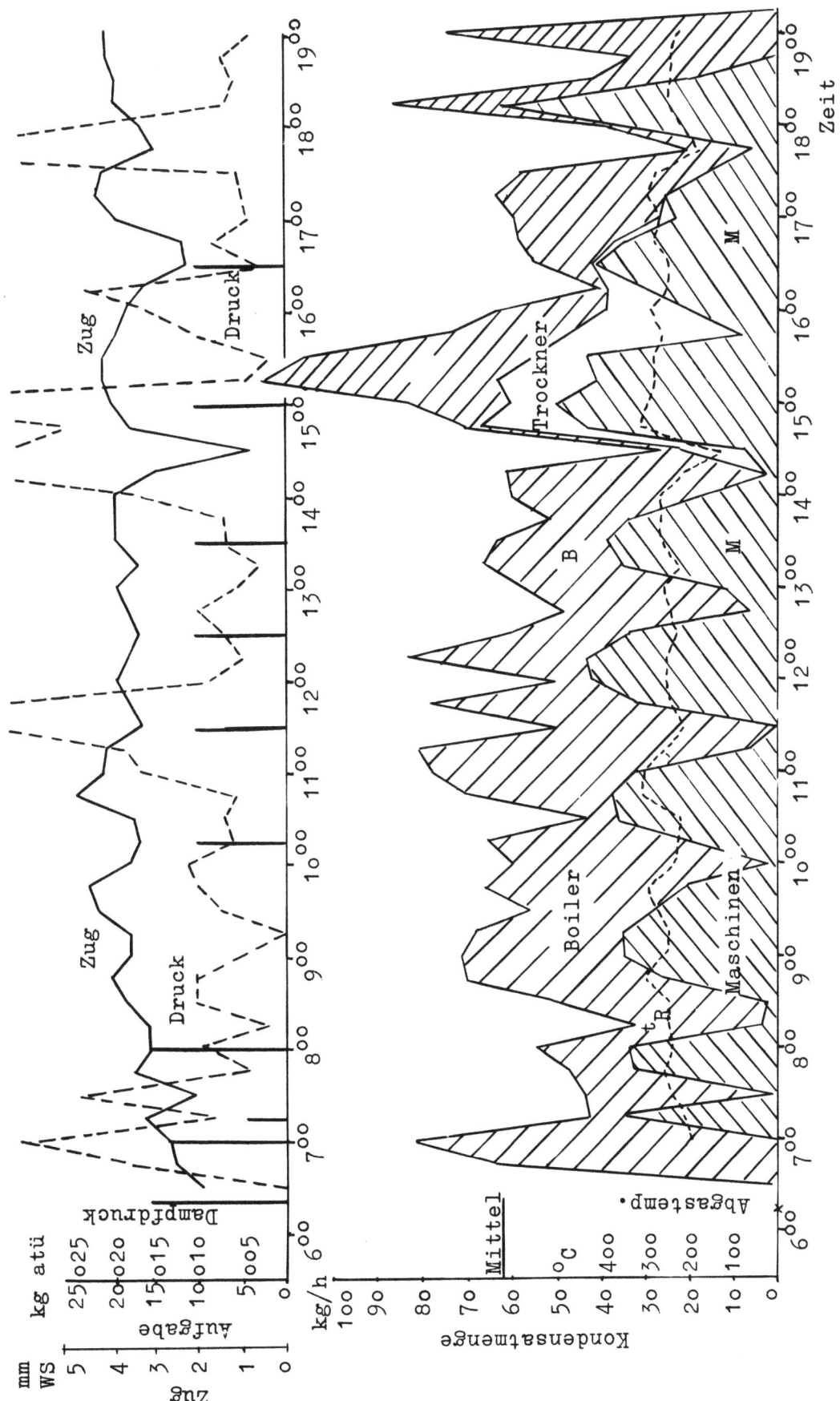

Abbildung 17

Dampfverbrauch, Dampfdruck, Kohleverbrauch und Schornsteinzug über einen Versuchstag bei Verfeuerung von Anthrazit - Eierbriketts

Der Boiler übernimmt in gewissem Umfange die Rolle eines Puffers. Sein Dampfverbrauch ist im allgemeinen am größten, wenn der Maschinendampfverbrauch am kleinsten ist und umgekehrt. Dadurch trat ebenfalls z.T. eine Verminderung der Dampfverbrauchs-Schwankungen ein. Um aber eine annähernd gleichmäßige Kesselbelastung zu erreichen, ist die Wärmeaufnahmefähigkeit des Boilers offenbar zu gering, d.h. der Boiler war zu klein.

Die Einschaltzeiten des Trockners fielen teils mit den Betriebszeiten, teils mit den Stillstandzeiten der Waschmaschinen zusammen. Im ersteren Falle erhöhten sie die Dampfverbrauchsspitzen, im letzteren Falle vergleichmäßigten sie den Dampfverbrauch. Es ist ein Betrieb des Trockners zwischen den Einschaltzeiten der Waschmaschinen anzuraten.

Die Nachverdampfung aus dem Wasserinhalt des Kessels bei Druckabfall ist geringfügig. Es läßt sich anhand einer Dampftabelle nachweisen, daß bei einem Kesselinhalt von 150 l Wasser durch einen Druckabfall von 0,45 auf 0,0 atü nur etwa 1 kg Dampf durch Nachverdampfung erzeugt wird. Gegenüber den Spitzenverbrauchszahlen, die bei 80 bis 100 kg Dampf je Stunde lagen, spielt dieses 1 kg Dampf keine Rolle.

Den Tagesablauf des Stromverbrauchs für den III. Versuchstag zeigt Abbildung 18. Bei nicht eingeschalteter Mangel ergibt sich ein nahezu konstanter Verbrauch von etwa 1 kWh/h. Mit der Mangelheizung steigt der Verbrauch auf das 2-3 fache dieses Wertes.

V. Zusammenfassung der Ergebnisse

Bei zusammenfassender Betrachtung der Ergebnisse ist im Hinblick auf die oben unter I aufgestellten Ziele dieser Untersuchungen folgendes festzustellen:

1. Leistungszahlen

Die Trommelwaschmaschinen wurden durchschnittlich 7-8 mal pro Tag beladen. Damit betrug die Waschzeit einschließlich Be- und Entladen etwa 1,3 Stunden.
Der Tumbler kommt auf eine Leistung von 25-30 kg/h (Vortrocknen) für eine Weiterverarbeitung auf der Mangel.
Die Mangel erreicht 12-15 kg/h vorgetrocknete Wäsche.

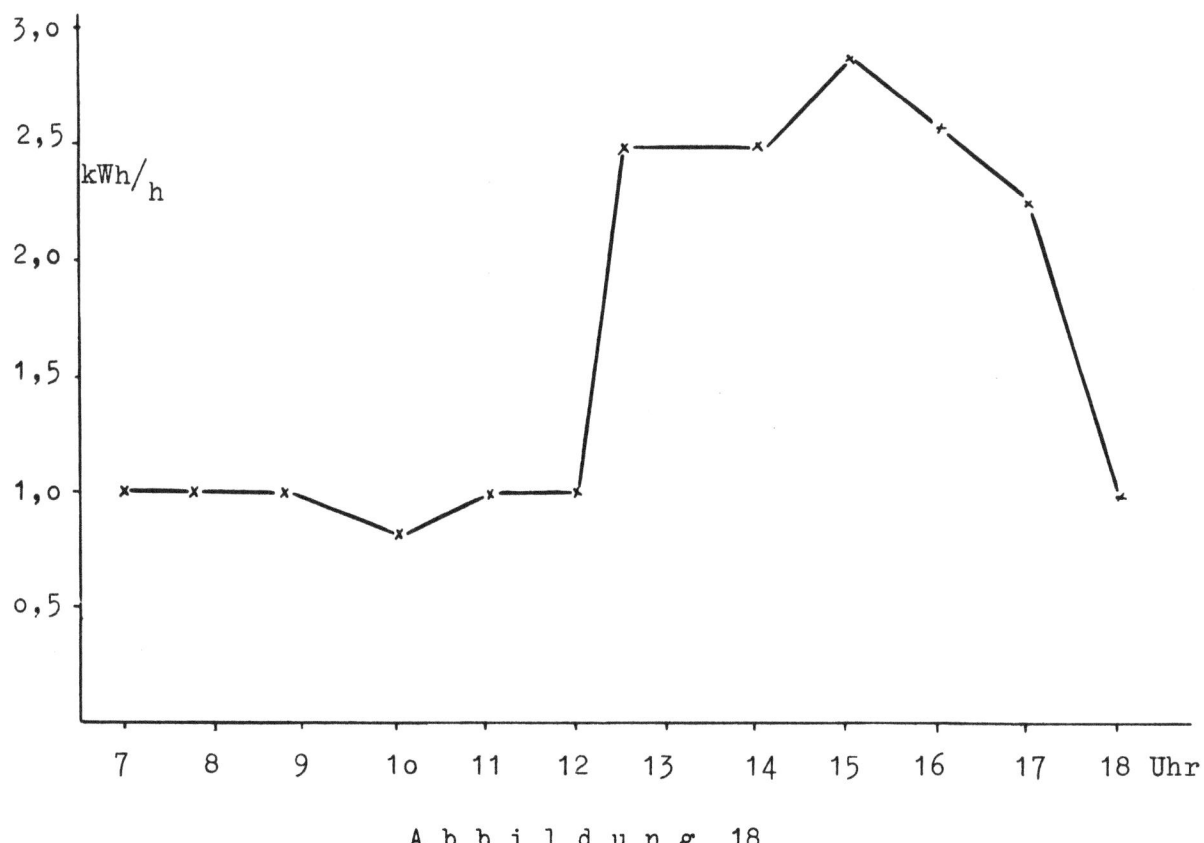

Abbildung 18
Mittlere Stundenverteilung des Stromverbrauches

2. Verbrauchszahlen

Auf 1 kg Trockenwäsche bezogen, betrug der Gesamtwasserverbrauch 55 Liter, davon 11 Liter oder 20 % als Warmwasserverbrauch und der Brennstoffverbrauch 0,39 SKE.

Der Dampfverbrauch des Tumblers, bezogen auf 1 kg Trockenwäsche war 1,8 kg.

Der Stromverbrauch der Mangel, bezogen auf 1 kg Trockenwäsche wurde mit 0,29 kWh ermittelt.

3. Wirkungsgrad

Im Durchschnitt der 4 Versuchsbrennstoffe lag der Kesselwirkungsgrad bei 76 % und die für die Dampferzeugung nutzbar gemachte Wärme (Gesamtwirkungsgrad) bei 63 %. Das Restglied von 13 % ist seiner Größe nach bedingt durch die Wärmeabstrahlung des Kessels und eines Teils der Dampfleitungen sowie durch Meßfehler, infolge der stark schwankenden Kesselbelastung. Ferner ist zu berücksichtigen, daß jeder Versuch nur einen Tag dauerte und die Anlage jedesmal vom kalten Zustande aus angefahren wurde.

Der Wärmewirkungsgrad der Waschmaschinen und das Handwaschen mit 50 %, bezogen auf die Dampfwärme, liegt unter dem normalen, der mit 80-85 % angenommen werden kann. Der Grund liegt in ungenauer Bedienung und zu niedrigem Überlauf der Trommelwaschmaschinen.

Der Wärmewirkungsgrad des Tumblers mit 22 % ist ebenfalls niedrig. Die Ursache ist in der häufig vorkommenden Unterbeladung zu suchen.

4. Verbesserungsmöglichkeiten der Anlage

Die Handwaschbottiche sind zu tief und fassen zuviel Wasser, wodurch der Wasserverbrauch unnötig hoch wird. Eine Bottichtiefe von 25-30 cm und Bottichinhalt von 60-70 Liter dürfte ausreichend sein. Der Platz für die Handwaschbottiche ist recht eng, so daß sich die Frauen gegenseitig behindern.

Zur Überwachung des Durchlaufspülens an den Waschmaschinen ist ein Strömungsmesser zu empfehlen, der es gestattet, die Spülgeschwindigkeit einzustellen.

Der Tumbler mit einem günstigsten Füllgewicht von 12 kg ist für die Postengröße der Waschmaschinen von 8 kg zu groß. Er wird also meist unterbeladen. Schlechter Wärmewirkungsgrad ist die Folge. Die Trockenleistung ist im Hinblick auf die Leistung der Waschmaschinen zu gering infolge der verwendeten Niederdruckheizung. Es ist eine Zusatz-Elektroheizung zu empfehlen.

Die Mangel war zwar z.Zt. der Untersuchung nicht ausgelastet, ist jedoch ebenfalls im Hinblick auf die Waschmaschinenleistung nicht ausreichend.

Der Kessel war im Durchschnitt mit knapp 7 000 kcal/m^2h belastet und dürfte daher an sich ausreichend bemessen sein. Nachteilig für den Kesselbetrieb waren die starken Belastungsschwankungen von 30-180 % der Tages-Durchschnitts-Belastung.

Um die Belastungsschwankungen besser auszugleichen, müßte ein größerer Boiler als 400 Liter vorhanden sein. Nach einer alten Regel aus dem

Forschungsberichte des Wirtschafts- und Verkehrsministeriums Nordrhein-Westfalen
___

Zentralheizungsfach soll der Boilerinhalt etwa das Doppelte der stündlichen Warmwasserentnahme betragen. Während der Versuche wurden stündlich 225-310 Liter (im Durchschnitt 275 Liter) Warmwasser dem Boiler entnommen. Der Boilerinhalt müßte demnach 500-600 Liter, sollte jedoch mit Rücksicht auf den Größtwert der stündlichen Entnahmemenge mindestens 600 Liter Inhalt haben.

Um die Dampfversorgung der Waschmaschinen auf alle Fälle sicherzustellen, muß ein Dampfdruck von mindestens 0,1 atü eingehalten werden. Deshalb wird vorgeschlagen, in die Dampfleitung zum Boiler ein Überströmventil einzubauen, das erst bei Überschreitung eines bestimmten Druckes den Dampfweg zum Boiler freigibt und ihn bei Unterschreitung dieses Druckes wieder schließt. Die Höhe dieses Druckes richtet sich nach den betrieblichen Gegebenheiten und muß so gewählt werden, daß noch eine ausreichende Dampfversorgung des Boilers gewährleistet wird. Es ist zu erwarten, daß dann nicht nur die Maschinen genügend mit Dampf versorgt werden, sondern daß auch der ausreichend bemessene Boiler jetzt noch besser als Puffer wirksam wird und somit eine ziemlich gleichmäßige Kesselbelastung gefahren werden kann.

Ferner ist zu überlegen, ob nicht anstelle des 6 m^2-Kessel, dessen Belastungsdurchschnitt an der oberen Leistungsgrenze solcher Kessel (7 000 $kcal/m^2h$) liegt, mit Rücksicht auf immer noch eintretende Belastungsspitzen ein Kessel von etwa 8 m^2 Heizfläche verwendet werden sollte.

5. Zweckmäßige Bedienung

Da eine möglichst gleichmäßige Belastung des Kessels für die Wirtschaftlichkeit des Betriebes von größter Bedeutung ist, muß im Waschraum darauf geachtet werden, daß nicht alle Maschinen, die Dampf verbrauchen, gleichzeitig in und außer Betrieb sind. Es ist vielmehr darauf zu achten, daß abwechselnd ein Teil der Maschinen immer in Betrieb ist, um den Betriebsdampf möglichst gleichmmäßig zu entnehmen. Inwieweit eine solche Betriebsführung arbeitswirtschaftlich ablaufen kann, ist noch zu ermitteln.

Trotz starker Verbrauchsschwankungen ergaben sich die besten Dampfdruckverhältnisse bei der Verfeuerung von Brechkoks 2 mit 300 mm mittlerer Glutschichthöhe. Offenbar hat das große Glutvolumen einen abgleichenden

Forschungsberichte des Wirtschafts- und Verkehrsministeriums Nordrhein-Westfalen

Einfluß gegenüber einem plötzlichen Druckabfall. Da außerdem mit Brechkoks 2 die besten Kessel- und Gesamtwirkungsgrade erzielt wurden und am wenigsten häufig nachgelegt werden mußte, ist dieser Brennstoff als der Bestgeeignete der 4 Versuchsbrennstoffe anzusprechen.

Ähnlich wie Brechkoks 2 wird sich ein Gemisch von Anthrazit-Eierbriketts und Brechkoks 2 im Mischungsverhältnis 1:1 verhalten, das allerdings nur in einer Glutschichthöhe von 200-300 mm verfeuert werden dürfte.

Brechkoks 3 ergibt zwar auch gute Wirkungsgrade, erfordert aber wegen der geringen Glutschichthöhe ein öfteres Nachlegen und neigt stärker zu Schlackenbildung.

Anthrazit-Eierbriketts sind in niedriger Glutschichthöhe zu verfeuern. Die Asche ist vorsichtig abzuschüren, weil sonst zu viel brennbare Bestandteile mit der Asche durch den Rost fallen. Bei Beachtung dieser Maßnahme läßt sich mit Eierbriketts ein ansprechender Feuerbetrieb durchführen.

Langflammige Kohlen, wie die Saarflammkohle Nuß 1, sind feuerungstechnisch schwierig. Trotz einer Glutschichthöhe von nur 150 mm und reichlicher Oberluftführung war noch eine beachtliche $(CO+H_2)$-Bildung festzustellen und außerdem trat Ruß in solcher Menge auf, daß die Kesselzüge wahrscheinlich fast jeden Tag gereinigt werden müßten, um den Betrieb aufrechtzuerhalten.

Dr. Ing. O. V I E R T E L
Dipl. Ing. H. S C H M I D T
Wäschereiforschung Krefeld

Forschungsberichte des Wirtschafts- und Verkehrsministeriums Nordrhein-Westfalen

Anhang

Zahlentafel der untersuchten Gemeinschafts - Waschanlage

Nr.	Brennstoff	DIM.	Saarflammkohle Nuß 1	Brechkoks 3	Brechkoks 2	Anthrazit-Eierbriketts	Mittelwert
1	Tag	-	I.	II.	III.	IV.	
2	Versuchsdauer	h	12,00	11,50	10,70	12,75	
3	Mittlere Glutschichthöhe	mm	150	130	300	120	
4	Gesamt-Brennstoffverbrauch	kg	103,0	125,5	97,5	104,0	
5	Brennstoff-Heizwert	kcal/kg	7568	6423	7007	7594	
6	Gesamt-Wärmeaufwand	kcal	779500	806400	683000	790000	
7	Mittlere Zugstärke	mm WS	3,1	3,4	3,2	3,5	
8	Mittlere Raumtemperatur	°C	20	20	20	20	
9	Mittlere Abgastemperatur	°C	307	299	270	274	
10	CO_2-Gehalt im Abgas	%	7,2	12,2	12,0	9,3	
11	$(CO+H_2)$-Gehalt im Abgas	%	0,6	0,1	0,3	0,4	
12	Schürdurchfall	kg	6,1	7,0	5,6	14,0	
13	Schlacke	kg	-	3,5	0,3	-	
14	Verlust durch freie Abwärme	%	22,8	16,7	15,0	17,0	
15	" " gebundene "	%	4,5	0,6	1,7	2,5	
16	" " Schürdurchfall	%	3,1	1,2	0,8	10,0	
17	Gesamt-Verlust	%	30,4	18,5	17,5	29,5	
18	Kessel-Wirkungsgrad	%	69,6	81,5	82,5	70,5	76,3
19	Mittlerer Dampfdruck	atü	0,08	0,11	0,15	0,13	
20	Mittlere Speisewassertemperatur	°C	40	37	46	41	
21	Maschinen-Kondensat-Menge	kg	255,65 = 33,0 %	278,35 = 32,2 %	294,90 = 37,7 %	304,80 = 38,3 %	35,3 %
22	Maschinen-Kondensat-Temperatur	°C	78,0	73,0	42,0	45,5	
23	Trockner-Kondensat-Menge	kg	60,90 = 7,9 %	111,25 = 12,8 %	17,50 = 2,2 %	33,20 = 4,2 %	6,8 %

Nr.	Brennstoff	DIM.	Saarflamm-kohle Nuß 1	Brechkoks 3	Brechkoks 2	Anthrazit-Eierbriketts	Mittel-wert
24	Trockner-Kondensat-Temperatur	°C	57,5	66,0	69,2	62,7	
25	Boiler-Kondensat-Menge	kg	423,30 = 56,0 %	441,65 = 51,1 %	435,50 = 55,7 %	418,30 = 52,5 %	53,8 %
26	Boiler-Kondensat-Temperatur	°C	85,0	84,0	84,5	84,0	
27	Verteiler-Kondensat-Menge	kg	24,30 = 3,1 %	33,95 = 3,9 %	33,90 = 4,4 %	39,80 = 5,0 %	4,1 %
28	Gesamt-Kondensat-Menge	kg	775,15 = 100 %	865,20 = 100 %	781,80 = 100 %	796,10 = 100 %	
29	Gesamt-Nutzwärme	kcal	465000	521000	464600	477000	
30	Gesamt-Wirkungsgrad	%	59,7	64,7	68,0	60,4	63,2
31	Restglied	%	9,9	16,8	14,5	10,1	12,8
32	Verdampfungsziffer	-	7,5	6,9	8,0	7,65	7,5
32a	Verdampfungsziffer auf SKE bezogen	-	7,0	7,5	8,0	7,1	7,4
33	Mittlere Kesselleistung	kcal/m²h	6470	7560	7230	6230	6930
34	Gesamt-Wasserverbrauch	kg	16019	15592	13244	15554	15100
	a) Kaltwasser	kg	12749	12331	10222	12854	12039
	b) Warmwasser	kg	3270	3261	3022	2700	3061
	c) Temperatur d.Warmwassers	°C	91	93,5	94,5	95	93,6
35	Gesamt-Wasserverbr. spez. bezogen auf 1 kg Trockenwäsche	kg/kg	58,5	58,0	50,0	55,0	55,0
	a) Kaltwasser	kg/kg	46,0	46,0	38,0	44,5	44,5
	b) Warmwasser	kg/h	12,5	12,0	12,0	10,5	10,5
36	Theoretischer Wasserverbrauch bezogen auf 1 kg Trockenwäsche auf Grund des angewendeten Waschverfahrens bestimmt	kg/kg	43	-	-	-	-
37	Gesamt-gewaschene-Trockenwäsche	kg	277,0	268,3	269,8	283,1	274,5
	a) Trommelwaschmaschine	kg	204,3	196,7	192,8	224,3	203,0
	b) Rührwerkswaschmaschine	kg	39,7	31,0	49,3	27,9	36,8
	c) Handwäsche	kg	33,0	40,6	27,7	30,9	33,0

Nr.	Brennstoff	DIM.	Saarflamm-kohle Nuß 1	Brechkoks 3	Brechkoks 2	Anthrazit-Eierbriketts	Mittelwert
38	Wäschedurchsatz Tumbler	kg	34,8	76,3	7,3	20,9	35,0
39	Wäschedurchsatz Mangel	kg	54,0	75,0	36,0	42,0	52,0
40	Theoretischer Gesamt-Wärmeverbrauch, davon	kcal	212210	203820	202230	230510	212000
	a) Trommelwaschmaschine	kcal	202000	194000	191000	222000	
	b) Rührwerkswaschmaschine	kcal	6250	4950	7900	4800	
	c) Handwäsche	kcal	3960	4870	3330	3710	
41	Tatsächlicher Gesamtwärmeverbrauch aus Dampfverbrauch Waschmaschine u. Boiler	kcal	406000	430000	438000	434000	427000
42	Ausnutzungsgrad d. Dampfwärme	%	52,0	47,5	46,2	53,0	50,0
43	Spez. Dampfverbrauch bezogen auf 1 kg gewaschene Wäsche	kg/kg	2,45	2,68	2,72	2,59	2,61
44	Spez. Kohlenverbrauch bezogen auf 1 kg Wäsche	kg/kg	0,37	0,46	0,36	0,37	(0,39)
45	Im Tumbler getrocknete Wäsche	kg	34,8	76,3	7,3	20,9	34,8
46	Theoretischer Wärmeverbrauch	kcal	7700	16700	1600	4600	7650
47	Tatsächlicher Wärmeverbrauch aus Dampfverbrauch	kcal	36500	67000	10500	20000	35000
48	Ausnutzungsgrad d. Dampfwärme	%	21,0	25,0	15,2	23,0	22,0
49	Spez. Dampfverbrauch, bezogen auf 1 kg Trockenwäsche	kg/kg	1,74	1,47	2,4	1,6	1,8
50	Gemangelte Wäsche	kg	54,0	75,0	36,0	42,0	50,2
51	Stromverbrauch f.d. Mangel	kWh	15,7	23,1	8,5	13,6	15,2
52	Spez. Stromverbrauch, bezogen auf 1 kg Trockenwäsche	kWh/kg	0,29	0,31	0,24	0,32	0,29
53	Gesamt-Stromverbrauch Motorantrieb, Heizung, Licht	kWh	25,6	32,9	17,8	23,4	25,5

FORSCHUNGSBERICHTE
DES WIRTSCHAFTS- UND VERKEHRSMINISTERIUMS
NORDRHEIN-WESTFALEN

Herausgegeben von Staatssekretär Prof. Leo Brandt

Heft 1:
Prof. Dr.-Ing. Eugen Flegler, Aachen
Untersuchungen oxydischer Ferromagnet-Werkstoffe

Heft 2:
Prof. Dr. phil. Walter Fuchs, Aachen
Untersuchungen über absatzfreie Teeröle

Heft 3:
Techn.-Wissenschaftl. Büro für die Bastfaserindustrie, Bielefeld
Untersuchungsarbeiten zur Verbesserung des Leinenwebstuhls

Heft 4:
Prof. Dr. E. A. Müller u. Dipl.-Ing. H. Spitzer, Dortmund
Untersuchungen über die Hitzebelastung in Hüttenbetrieben

Heft 5:
Dipl.-Ing. Werner Fister, Aachen
Prüfstand der Turbinenuntersuchungen

Heft 6:
Prof. Dr. phil. Walter Fuchs, Aachen
Untersuchungen über die Zusammensetzung und Verwendbarkeit von Schwelteerfraktionen

Heft 7:
Prof. Dr. phil. Walter Fuchs, Aachen
Untersuchungen über emsländisches Petrolatum

Heft 8:
Maria Elisabeth Meffert und Heinz Stratmann, Essen
Algen-Großkulturen im Sommer 1951

Heft 9:
Techn.-Wissenschaftl. Büro für die Bastfaserindustrie, Bielefeld
Untersuchungen über die zweckmäßige Wicklungsart von Leinengarnkreuzspulen unter Berücksichtigung der Anwendung hoher Geschwindigkeiten des Garnes
Vorversuche für Zetteln und Schären von Leinengarnen auf Hochleistungsmaschinen

Heft 10:
Prof. Dr. Wilhelm Vogel, Köln
„Das Streifenpaar" als neues System zur mechanischen Vergrößerung kleiner Verschiebungen und seine technischen Anwendungsmöglichkeiten

Heft 11:
Laboratorium für Werkzeugmaschinen und Betriebslehre, Technische Hochschule Aachen
1. Untersuchungen über Metallbearbeitung im Fräsvorgang mit Hartmetallwerkzeugen und negativem Spanwinkel
2. Weiterentwicklung des Schleifverfahrens für die Herstellung von Präzisionswerkstücken unter Vermeidung hoher Temperaturen
3. Untersuchung von Oberflächenveredlungsverfahren zur Steigerung der Belastbarkeit hochbeanspruchter Bauteile

Heft 12:
Elektrowärme-Institut, Langenberg (Rhld.)
Induktive Erwärmung mit Netzfrequenz

Heft 13:
Techn.-Wissenschaftl. Büro für die Bastfaserindustrie, Bielefeld
Das Naßspinnen von Bastfasergarnen mit chemischen Zusätzen zum Spinnbad

Heft 14:
Forschungsstelle für Acetylen, Dortmund
Untersuchungen über Aceton als Lösungsmittel für Acetylen

Heft 15:
Wäschereiforschung Krefeld
Trocknen von Wäschestoffen

Heft 16:
Max-Planck-Institut für Kohlenforschung, Mülheim a. d. Ruhr
Arbeiten des MPI für Kohlenforschung

Heft 17:
Ingenieurbüro Herbert Stein, M. Gladbach
Untersuchung der Verzugsvorgänge in den Streckwerken verschiedener Spinnereimaschinen. 1. Bericht: Vergleichende Prüfung mit verschiedenen Dickenmeßgeräten

Heft 18:
Wäschereiforschung Krefeld
Grundlagen zur Erfassung der chemischen Schädigung beim Waschen

Heft 19:
Techn.-Wissenschaftl. Büro für die Bastfaserindustrie, Bielefeld
Die Auswirkung des Schlichtens von Leinengarnketten auf den Verarbeitungswirkungsgrad, sowie die Festigkeits- und Dehnungsverhältnisse der Garne und Gewebe

Heft 20:
Techn.-Wissenschaftl. Büro für die Bastfaserindustrie, Bielefeld
Trocknung von Leinengarnen I
Vorgang und Einwirkung auf die Garnqualität

Heft 21:
Techn.-Wissenschaftl. Büro für die Bastfaserindustrie, Bielefeld
Trocknung von Leinengarnen II
Spulenanordnung und Luftführung beim Trocknen von Kreuzspulen

Heft 22:
Techn.-Wissenschaftl. Büro für die Bastfaserindustrie, Bielefeld
Die Reparaturanfälligkeit von Webstühlen

Heft 23:
Institut für Starkstromtechnik, Aachen
Rechnerische und experimentelle Untersuchungen zur Kenntnis der Metadyne als Umformer von konstanter Spannung auf konstanten Strom

Heft 24:
Institut für Starkstromtechnik, Aachen
Vergleich verschiedener Generator-Metadyne-Schaltungen in bezug auf statisches Verhalten

Heft 25:
Gesellschaft für Kohlentechnik mbH., Dortmund-Eving
Struktur der Steinkohlen und Steinkohlen-Kokse

Heft 26:
Techn.-Wissenschaftl. Büro für die Bastfaserindustrie, Bielefeld
Vergleichende Untersuchungen zweier neuzeitlicher Ungleichmäßigkeitsprüfer für Bänder und Garne hinsichtlich Ihrer Eignung für die Bastfaserspinnerei

Heft 27:
Prof. Dr. E. Schratz, Münster
Untersuchungen zur Rentabilität des Arzneipflanzenanbaues
Römische Kamille, Anthemis nobilis L.

Heft: 28:
Prof. Dr. E. Schratz, Münster
Calendula officinalis L.
Studien zur Ernährung, Blütenfüllung und Rentabilität der Drogengewinnung

Heft 29:
Techn.-Wissenschaftl. Büro für die Bastfaserindustrie, Bielefeld
Die Ausnützung der Leinengarne in Geweben

Heft 30:
Gesellschaft für Kohlentechnik mbH., Dortmund-Eving
Kombinierte Entaschung und Verschwelung von Steinkohle; Aufarbeitung von Steinkohlenschlämmen zu verkokbarer oder verschwelbarer Kohle

Heft 31:
Dipl.-Ing. Störmann, Essen
Messung des Leistungsbedarfs von Doppelsteg-Kettenförderern

Heft 32:
Techn.-Wissenschaftl. Büro für die Bastfaserindustrie, Bielefeld
Der Einfluß der Natriumchloridbleiche auf Qualität und Verwebbarkeit von Leinengarnen und die Eigenschaften der Leinengewebe unter besonderer Berücksichtigung des Einsatzes von Schützen- und Spulenwechselautomaten in der Leinenweberei

Heft 33:
Kohlenstoffbiologische Forschungsstation e. V.
Eine Methode zur Bestimmung von Schwefeldioxyd und Schwefelwasserstoff in Rauchgasen und in der Atmosphäre

Heft 34:
Textilforschungsanstalt Krefeld
Quellungs- und Entquellungsvorgänge bei Faserstoffen

Heft 35:
Professor Dr. Wilhelm Kast, Krefeld
Feinstrukturuntersuchungen an künstlichen Zellulosefasern verschiedener Herstellungsverfahren

Heft 36:
Forschungsinstitut der feuerfesten Industrie, Bonn
Untersuchungen über die Trocknung von Rohton. Untersuchungen über die chemische Reinigung von Silika- und Schamotte-Rohstoffen mit chlorhaltigen Gasen

Heft 37:
Forschungsinstitut der feuerfesten Industrie, Bonn
Untersuchungen über den Einfluß der Probenvorbereitung auf die Kaltdruckfestigkeit feuerfester Steine

Heft 38:
Forschungsstelle für Acetylen, Dortmund
Untersuchungen über die Trocknung von Acetylen zur Herstellung von Dissousgas

Heft 39:
Forschungsgesellschaft Blechverarbeitung e. V., Düsseldorf
Untersuchungen an prägegemusterten und vorgelochten Blechen

Heft 40:
Landesgeologe Dr.-Ing. W. Wolff, Amt für Bodenforschung, Krefeld
Untersuchungen über die Anwendbarkeit geophysikalischer Verfahren zur Untersuchung von Spateisengängen im Siegerland

Heft 41:
Techn.-Wissenschaftl. Büro für die Bastfaserindustrie, Bielefeld
Untersuchungsarbeiten zur Verbesserung des Leinenwebstuhles II

Heft 42:
Professor Dr. Burckhardt Helferich, Bonn
Untersuchungen über Wirkstoffe — Fermente — in der Kartoffel und die Möglichkeit ihrer Verwendung

Heft 43:
Forschungsgesellschaft Blechverarbeitung e. V., Düsseldorf
Forschungsergebnisse über das Beizen von Blechen

Heft 44:
Arbeitsgemeinschaft für praktische Dehnungsmessung, Düsseldorf
Eigenschaften und Anwendungen von Dehnungsmeßstreifen

Heft 45:
Losenhausenwerk Düsseldorfer Maschinenbau AG., Düsseldorf
Untersuchungen von störenden Einflüssen auf die Lastgrenzenanzeige von Dauerschwingprüfmaschinen

Heft 46:
Professor Dr. phil. W. Fuchs, Aachen
Untersuchungen über die Aufbereitung von Wasser für die Dampferzeugung in Benson-Kesseln

Heft 47:
Prof. Dr.-Ing. habil. Karl Krekeler, Aachen
Versuche über die Anwendung der induktiven Erwärmung zum Sintern von hochschmelzenden Metallen sowie zur Anlegierung und Vergütung von aufgespritzten Metallschichten mit dem Grundwerkstoff.

Heft 48:
Max-Planck-Institut für Eisenforschung, Düsseldorf
Spektrochemische Analyse der Gefügebestandteile in Stählen nach ihrer Isolierung

Heft 49:
Max-Planck-Institut für Eisenforschung, Düsseldorf
Untersuchungen über Ablauf der Desoxydation und die Bildung von Einschlüssen in Stählen

Heft 50:
Max-Planck-Institut für Eisenforschung, Düsseldorf
Flammenspektralanalytische Untersuchung der Ferritzusammensetzung in Stählen

Heft 51:
Verein zur Förderung von Forschungs- und Entwicklungsarbeiten in der Werkzeugindustrie e. V., Remscheid
Untersuchungen an Kreissägeblättern für Holz, Fehler- und Spannungsprüfverfahren

Heft 52:
Forschungsstelle für Azetylen, Dortmund
Untersuchungen über den Umsatz bei der explosiblen Zersetzung von Azetylen
  a) Zersetzung von gasförmigem Azetylen,
  b) Zersetzung von an Silikagel adsorbiertem Azetylen

Heft 53:
Professor Dr.-Ing. H. Opitz, Aachen
Reibwert- und Verschleißmessungen an Kunststoffgleitführungen für Werkzeugmaschinen

Heft 54:
Professor Dr.-Ing. habil. F. A. F. Schmidt, Aachen
Schaffung von Grundlagen für die Erhöhung der spez. Leistung und Herabsetzung des spez. Brennstoffverbrauches bei Ottomotoren mit Teilbericht über Arbeiten an einem neuen Einspritzverfahren

Heft 55:
Forschungsgesellschaft Blechverarbeitung, Düsseldorf
Chemisches Glänzen von Messing und Neusilber

Heft 56:
Forschungsgesellschaft Blechverarbeitung, Düsseldorf
Untersuchungen über einige Probleme der Behandlung von Blechoberflächen

Heft 57:
Prof. Dr.-Ing. habil. F. A. F. Schmidt, Aachen
Untersuchungen zur Erforschung des Einflusses des chemischen Aufbaues des Kraftstoffes auf sein Verhalten im Motor und in Brennkammern von Gasturbinen.

Heft 58:
Gesellschaft für Kohlentechnik m. b. H., Dortmund
Herstellung und Untersuchung von Steinkohlenschwelteer.

Heft 59:
Forschungsinstitut der Feuerfest-Industrie, Bonn
Ein Schnellanalysenverfahren zur Bestimmung von Aluminiumoxyd, Eisenoxyd und Titanoxyd in feuerfestem Material mittels organischer Farbreagenzien auf photometrischem Wege
Untersuchungen des Alkali-Gehaltes feuerfester Stoffe mit dem Flammenphotometer nach Riehm-Lange

Heft 60:
Forschungsgesellschaft Blechverarbeitung e. V., Düsseldorf
Untersuchungen über das Spritzlackieren im elektrostatischen Hochspannungsfeld

Heft 61:
Verein zur Förderung von Forschungs- und Entwicklungsarbeiten in der Werkzeugindustrie e. V., Remscheid
Schwingungs- und Arbeitsverhalten von Kreissägeblättern für Holz

Heft 62:
Professor Dr. W. Franz, Institut für theoretische Physik der Universität Münster
Berechnung des elektrischen Durchschlags durch feste und flüssige Isolatoren

Heft 63:
Textilforschungsanstalt Krefeld
Neue Methoden zur Untersuchung der Wirkungsweise von Textilhilfsmitteln
Untersuchungen über Schlichtungs- und Entschlichtungsvorgänge

Heft 64:
Textilforschungsanstalt Krefeld
Die Kettenlängenverteilung von hochpolymeren Faserstoffen
Über die fraktionierte Fällung von Polyamiden

Heft 65:
Fachverband Schneidwarenindustrie, Solingen
Untersuchungen über das elektrolytische Polieren von Tafelmesserklingen aus rostfreiem Stahl

Heft 66:
Dr.-Ing. Peter Füsgen VDI †, Düsseldorf
Untersuchungen über das Auftreten des Ratterns bei selbsthemmenden Schneckengetrieben und seine Verhütung

Heft 67:
Heinrich Wösthoff o. H. G., Apparatebau, Bochum
Entwicklung einer chemisch-physikalischen Apparatur zur Bestimmung kleinster Kohlenoxyd-Konzentrationen

Heft 68:
Kohlenstoffbiologische Forschungsstation e. V., Essen
Algengroßkulturen im Sommer 1952
II. Über die unsterile Großkultur von Scenedesmus obliquus

Heft 69:
Wäschereiforschung Krefeld
Bestimmung des Faserabbaues bei Leinen unter besonderer Berücksichtigung der Leinengarnbleiche

Heft 70:
Wäschereiforschung Krefeld
Trocknen von Wäschestoffen

Heft 71:
Prof. Dr.-Ing. K. Leist, Aachen
Kleingasturbinen, insbesondere zum Fahrzeugantrieb

Heft 72:
Prof. Dr.-Ing. K. Leist, Aachen
Beitrag zur Untersuchung von stehenden geraden Turbinengittern mit Hilfe von Druckverteilungsmessungen

Heft 73:
Prof. Dr.-Ing. K. Leist, Aachen
Spannungsoptische Untersuchungen von Turbinenschaufelfüßen

Heft 74:
Max-Planck-Institut für Eisenforschung, Düsseldorf
Versuche zur Klärung des Umwandlungsverhaltens eines sonderkarbidbildenden Chromstahls

Heft 75:
Max-Planck-Institut für Eisenforschung, Düsseldorf
Zeit-Temperatur-Umwandlungs-Schaubilder als Grundlage der Wärmebehandlung der Stähle

Heft 76:
Max-Planck-Institut für Arbeitsphysiologie, Dortmund
Arbeitstechnische und arbeitsphysiologische Rationalisierung von Mauersteinen

Heft 77:
Meteor Apparatebau Paul Schmeck G. m. b. H., Siegen
Entwicklung von Leuchtstoffröhren hoher Leistung

Heft 78:
Forschungsstelle für Acetylen, Dortmund
Über die Zustandsgleichung des gasförmigen Acetylens und das Gleichgewicht Acetylen—Aceton

Heft 79:
Techn.-Wissenschaftl. Büro für die Bastfaserindustrie, Bielefeld
Trocknung von Leinengarnen III
Spinnspulen- und Spinnkopstrocknung
Vorgang und Einwirkung auf die Garnqualität

Heft 80:
Techn.-Wissenschaftl. Büro für die Bastfaserindustrie, Bielefeld
Die Verarbeitung von Leinengarn auf Webstühlen mit und ohne Oberbau

Heft 81:
Prüf- und Forschungsinstitut für Ziegeleierzeugnisse, Essen-Kray
Die Einführung des großformatigen Einheits-Gitterziegels im Lande Nordrhein-Westfalen

Heft 82:
Vereinigte Aluminium-Werke AG., Bonn
Forschungsarbeiten auf dem Gebiet der Veredelung von Aluminium-Oberflächen

Heft 83:
Prof. Dr. S. Strugger, Münster
Über die Struktur der Proplastiden

Heft 84:
Dr. med. habil., Dr. phil. H. Baron, Düsseldorf
Über Standardisierung von Wundtextilien

Heft 85:
Textilforschungsanstalt Krefeld
Physikalische Untersuchungen an Fasern, Fäden, Garnen und Geweben:
Untersuchungen am Knickscheuergerät nach Weltzien

Heft 86:
Professor Dr.-Ing. H. Opitz, Aachen
Untersuchungen über das Fräsen von Baustahl sowie über den Einfluß des Gefüges auf die Zerspanbarkeit

Heft 87:
Gemeinschaftsausschuß Verzinken, Düsseldorf
Untersuchungen über Güte von Verzinkungen

Heft 88:
Gesellschaft für Kohlentechnik mbH., Dortmund-Eving
Oxydation von Steinkohle mit Salpetersäure

Heft 89:
Verein Deutscher Ingenieure, Gleitlagerforschung, Düsseldorf und Prof. Dr.-Ing. G. Vogelpohl, Göttingen
Versuche mit Preßstoff-Lagern für Walzwerke

Heft 90:
Forschungs-Institut der Feuerfest-Industrie, Bonn
Das Verhalten von Silikasteinen im Siemens-Martin-Ofengewölbe

Heft 91:
Forschungs-Institut der Feuerfest-Industrie, Bonn
Untersuchungen des Zusammenhangs zwischen Leistung und Kohlenverbrauch von Kammeröfen zum Brennen von feuerfesten Materialien

Heft 92:
Techn.-Wissenschaftl. Büro für die Bastfaserindustrie, Bielefeld und Laboratorium für textile Meßtechnik, M.-Gladbach
Messungen von Vorgängen am Webstuhl

Heft 93:
Prof. Dr. W. Kast, Krefeld
Spinnversuche zur Strukturerfassung künstlicher Zellulosefasern

Heft 94:
Prof. Dr. phil. habil. G. Winter, Bonn
Die Heilpflanzen des MATTHIOLUS (1611) gegen Infektionen der Harnwege und Verunreinigung der Wunden bzw. zur Förderung der Wundheilung im Lichte der Antibiotikaforschung

Heft 95:
Prof. Dr. phil. habil. G. Winter, Bonn
Untersuchungen über die flüchtigen Antibiotika aus der Kapuziner- (Tropaeolum maius) und Gartenkresse (Lepidium sativum) und ihr Verhalten im menschlichen Körper bei Aufnahme von Kapuziner- bzw. Gartenkressensalat per os

Heft 96:
Dr.-Ing. P. Koch, Dortmund
Austritt von Exoelektronen aus Metalloberflächen unter Berücksichtigung der Verwendung des Effektes für die Materialprüfung

Heft 97:
Ing. H. Stein, M.-Gladbach
Laboratorium für textile Meßtechnik
Untersuchung der Verzugsvorgänge an den Streckwerken verschiedener Spinnereimaschinen
2. Bericht: Ermittlung der Haft-Gleiteigenschaften von Faserbändern und Vorgarnen

Heft 98:
Fachverband Gesenkschmieden, Hagen
Die Arbeitsgenauigkeit beim Gesenkschmieden unter Hämmern

Heft 99:
Prof. Dr.-Ing. G. Garbotz, Aachen
Der Kraft- und Arbeitsaufwand sowie die Leistungen beim Biegen von Bewehrungsstählen in Abhängigkeit von den Abmessungen, den Formen und der Güte der Stähle (Ermittlung von Leistungsrichtlinien)

Heft 100:
Prof. Dr.-Ing. H. Opitz, Aachen
Untersuchungen von elektrischen Antrieben, Steuerungen und Regelungen an Werkzeugmaschinen

Heft 101:
Prof. Dr.-Ing. H. Opitz, Aachen
Wirtschaftlichkeitsbetrachtungen beim Außenrundschleifen

Heft 102:
Dr. phil. habil. P. Hölemann, Ing. R. Hasselmann und Ing. G. Dix, Dortmund
Untersuchungen über die thermische Zündung von explosiblen Azetylenzersetzungen in Kapillaren

Heft 103:
Prof. Dr. phil. W. Weizel, Bonn
Durchführung von experimentellen Untersuchungen über den zeitlichen Ablauf von Funken in komprimierten Edelgasen sowie zu deren mathematischen Berechnung

Heft 104:
Prof. Dr. phil. W. Weizel, Bonn
Über den Einfluß der Elektroden auf die Eigenschaften von Cadmium-Sulfid-Widerstands-Photozellen

Heft 105:
Dr.-Ing. R. Meldau, Harsewinkel/Westf.
Auswertung von Gekörn – Analysen des Musterstaubes „Flugasche Fortuna I"

Heft 106:
ORR. Dr.-Ing. W. Küch, Dortmund
Untersuchungen über die Einwirkung von feuchtigkeitsgesättigter Luft auf die Festigkeit von Leimverbindungen

Heft 107:
Prof. Dr. phil. H. Lange, Köln
Dipl.-Phys. P. St. Pütter, Köln
Über die Konstruktion von Laboratoriumsmagneten

Heft 108:
Prof. Dr. phil. W. Fuchs, Aachen
Untersuchungen über neue Beizmethoden und Beizabwässer
I. Die Entzunderung von Drähten mit Natriumhydrid
II. Die Aufbereitung von Beizabwässern

Heft 109:
Dr. phil. habil. P. Hölemann und Ing. R. Hasselmann, Dortmund
Untersuchungen über die Löslichkeit von Azetylen in verschiedenen organischen Lösungsmitteln

Heft 110:
Dr. phil. habil. P. Hölemann und Ing. R. Hasselmann, Dortmund
Untersuchungen über den Druckverlauf bei der explosiblen Zersetzung von gasförmigem Azetylen

Heft 111:
Fachverband Steinzeugindustrie, Köln
Die Entwicklung eines Gerätes zur Beschickung seitlicher Feuer von Steinzeug-Einzelkammeröfen mit festen Brennstoffen

Heft 112:
Prof. Dr.-Ing. H. Opitz, Aachen
Verschleißmessungen beim Drehen mit aktivierten Hartmetallwerkzeugen

Heft 113:
Prof. Dr. med. O. Graf, Dortmund
Erforschung der geistigen Ermüdung und nervösen Belastung: Studien über die vegetative 24-Stunden-Rhythmik in Ruhe und unter Belastung

Heft 114:
Prof. Dr. med. O. Graf, Dortmund
Studien über Fließarbeitsprobleme an einer praxisnahen Experimentieranlage

Heft 115:
Prof. Dr. med. O. Graf, Dortmund
Studium über Arbeitspausen in Betrieben bei freier und zeitgebundener Arbeit (Fließarbeit) und ihre Auswirkung auf die Leistungsfähigkeit

Heft 116:
Prof. Dr.-Ing. E. Siebel und Dr.-Ing. H. Weise, Stuttgart
Untersuchungen an einigen Problemen des Tiefziehens — I. Teil

Heft 117:
Dr.-Ing. H. Beißwänger, Stuttgart, und Dr.-Ing. S. Schwandt, Trier
Untersuchungen an einigen Problemen des Tiefziehens — II. Teil

Heft 118:
Prof. Dr. med. E. A. Müller und Dr. med. H. G. Wenzel, Dortmund
Neuartige Klima-Anlage zur Erzeugung ungleicher Luft- und Strahlungstemperaturen in einem Versuchsraum

Heft 119:
Dr.-Ing. O. Viertel, Krefeld
Wäscherei- und energietechnische Untersuchung einer Gemeinschafts-Waschanlage

Heft 120:
Dipl.-Ing. Weisbecker, Lüdenscheid
Über Anfressung an Reinstaluminium-Schweißnähten bei der elektrolytischen Oxydation
Gebr. Hörstermann GmbH., Velbert
Entwicklung und Erprobung eines neuartigen Gummibandförderers

Heft 121:
Dr. rer. nat. H. Krebs, Bonn
I. Die Struktur und die Eigenschaften der Halbmetalle
II. Die Bestimmung der Atomverteilung in amorphen Substanzen
III. Die chemische Bindung in anorganischen Festkörpern und das Entstehen metallischer Eigenschaften

Heft 122:
Prof. Dr. phil. W. Fuchs, Aachen
Untersuchungen zur Verbesserung der Wasseraufbereitung und Wasseranalyse:
Über die Schnellbewertung von Ionenaustauscher

Heft 123:
Dipl.-Ing. J. Emondts, Aachen
Über Bodenverformungen bei stark gestörtem und mächtigem, wasserführendem Deckgebirge im Aachener Steinkohlengebiet

Heft 124:
Prof. Dr. R. Seÿffert, Köln
Wege und Kosten der Distribution der Hausratwaren im Lande Nordrhein-Westfalen

Heft 125:
Prof. Dr. phil. E. Kappler, Münster
Eine neue Methode zur Bestimmung von Kondensations-Koeffizienten von Wasser

Heft 126:
Prof. Dr.-Ing. habil. J. Mathieu, Aachen
Arbeitszeitvergleich
Grundlagen, Methodik und praktische Durchführung

Heft 127:
Güteschutz Betonstein e.V.,
Arbeitskreis Nordrhein-Westfalen, Dortmund
Die Betonwaren-Gütesicherung im
Lande Nordrhein-Westfalen

Heft 128:
Prof. Dr. phil. O. Schmitz-DuMont, Bonn
Untersuchungen über Reaktionen in flüssigem Ammoniak

Heft 129:
Prof. Dr.-Ing. habil. J. Mathieu, Aachen
Dr. phil. C. A. Roos, Aachen
Die Anlernung von Industriearbeitern
I. Ergebnisse einer grundsätzlichen Untersuchung der gegenwärtigen Industriearbeiter-Kurzanlernung

Heft 130:
Prof. Dr.-Ing. habil. J. Mathieu, Aachen
Dr. phil. C. A. Roos, Aachen
Die Anlernung von Industriearbeitern
II. Beiträge zur Methodenfrage der Kurzanlernung

Heft 131:
Dr. rer. nat. W. Hoerburger, Köln
Versuche zur Biosynthese von Eiweiß aus Kohlenwasserstoff

Heft 132:
Prof. Dr. phil. nat. W. Seith, Münster
Über Diffusionserscheinungen in festen Metallen

Heft 133:
Prof. Dr. phil. E. Jenckel, Aachen
Über einen für Schwermetalle selektiven Ionenaustauscher

Heft 134:
Prof. Dr.-Ing. H. Winterhager
Über die elektrochemischen Grundlagen der Schmelzfluß-Elektrolyse von Bleisulfid in geschmolzenen Mischungen mit Bleichlorid

Heft 135:
Prof. Dr.-Ing. habil. K. Krekeler, Aachen
Dr.-Ing. H. Peukert, Aachen
Die Änderung der mechanischen Eigenschaften thermoplastischer Kunststoffe durch Warmrecken

Heft 136:
Dipl. phys. P. Pilz, Remscheid
Über spezielle Probleme der Zerkleinerungstechnik von Weichstoffen

Heft 137:
Prof. Dr. rer. nat. habil. W. Baumeister, Münster
Beiträge zur Mineralstoffernährung der Pflanzen

Heft 138:
Dr. phil. habil. P. Hölemann, Dortmund
Ing. R. Hasselmann, Dortmund
Untersuchungen über die Zersetzungswärme von gasförmigem und in Azeton gelöstem Azetylen

VERÖFFENTLICHUNGEN DER ARBEITSGEMEINSCHAFT FÜR FORSCHUNG DES LANDES NORDRHEIN-WESTFALEN

Im Auftrage des Ministerpräsidenten Karl Arnold
Herausgegeben von Staatssekretär Prof. Leo Brandt

Heft 1:
Prof. Dr.-Ing. Friedrich Seewald, Technische Hochschule Aachen
Neue Entwicklungen auf dem Gebiete der Antriebsmaschinen
Prof. Dr.-Ing. Friedrich A. F. Schmidt, Technische Hochschule Aachen
Technischer Stand und Zukunftsaussichten der Verbrennungsmaschinen, insbesondere der Gasturbinen
Dr.-Ing. R. Friedrich, Siemens-Schuckert-Werke A.-G., Mülheimer Werk
Möglichkeiten und Voraussetzungen der industriellen Verwertung der Gasturbine

Heft 2:
Prof. Dr.-Ing. Wolfgang Riezler, Universität Bonn
Probleme der Kernphysik
Prof. Dr. phil. Fritz Micheel, Universität Münster,
Isotope als Forschungsmittel in der Chemie und Biochemie

Heft 3:
Prof. Dr. med. Emil Lehnartz, Universität Münster
Der Chemismus der Muskelmaschine
Prof. Dr. med. Gunther Lehmann, Direktor des Max-Planck-Instituts für Arbeitsphysiologie, Dortmund
Physiologische Forschung als Voraussetzung der Bestgestaltung der menschlichen Arbeit
Prof. Dr. Heinrich Kraut, Max-Planck-Institut für Arbeitsphysiologie, Dortmund
Ernährung und Leistungsfähigkeit

Heft 4:
Prof. Dr. Franz Wever, Max-Planck-Institut für Eisenforschung, Düsseldorf
Aufgaben der Eisenforschung
Prof. Dr.-Ing. Hermann Schenck, Technische Hochschule Aachen
Entwicklungslinien des deutschen Eisenhüttenwesens
Prof. Dr.-Ing. Max Haas, Techn. Hochschule Aachen
Wirtschaftliche und technische Bedeutung der Leichtmetalle und ihre Entwicklungsmöglichkeiten

Heft 5:
Prof. Dr. med. Walter Kikuth, Medizinische Akademie Düsseldorf
Virusforschung
Prof. Dr. Rolf Danneel, Universität Bonn
Fortschritte der Krebsforschung
Prof. Dr. med. Dr. phil. W. Schulemann, Univ. Bonn
Wirtschaftliche und organisatorische Gesichtspunkte für die Verbesserung unserer Hochschulforschung

Heft 6:
Prof. Dr. Walter Weizel, Institut für theoretische Physik, Bonn
Die gegenwärtige Situation der Grundlagenforschung in der Physik
Prof. Dr. Siegfried Strugger, Universität Münster
Das Duplikantenproblem in der Biologie
Prof. Dr. Rolf Danneel, Universität Bonn
Über das Verhalten der Mitochondrien bei der Mitose der Mesenchymzellen des Hühner-Embryos
Direktor Dr. Fritz Gummert, Ruhrgas A.-G., Essen
Überlegungen zu den Faktoren Raum und Zeit im biologischen Geschehen und Möglichkeiten einer Nutzanwendung

Heft 7:
Prof. Dr.-Ing. August Götte, Technische Hochschule Aachen
Steinkohle als Rohstoff und Energiequelle
Prof. Dr. e. h. Karl Ziegler, Max-Planck-Institut für Kohlenforschung Mülheim a. d. Ruhr
Über Arbeiten des Max-Planck-Instituts für Kohlenforschung

Heft 8:
Prof. Dr.-Ing. Wilhelm Fucks, Technische Hochschule Aachen
Die Naturwissenschaft, die Technik und der Mensch
Prof. Dr. sc. pol. Walther Hoffmann, Universität Münster
Wirtschaftliche und soziologische Probleme des technischen Fortschritts

Heft 9:
Prof. Dr.-Ing. Franz Bollenrath, Technische Hochschule Aachen
Zur Entwicklung warmfester Werkstoffe
Dr. Heinrich Kaiser, Staatl. Materialprüfungsamt Dortmund
Stand spektralanalytischer Prüfverfahren und Folgerung für deutsche Verhältnisse

Heft 10:
Prof. Dr. Hans Braun, Universität Bonn
Möglichkeiten und Grenzen der Resistenzzüchtung
Prof. Dr.-Ing. Carl Heinrich Dencker, Universität Bonn
Der Weg der Landwirtschaft von der Energieautarkie zur Fremdenergie

Heft 11:
Prof. Dr.-Ing. Herwart Opitz, Technische Hochschule Aachen
Entwicklungslinien der Fertigungstechnik in der Metallbearbeitung
Prof. Dr.-Ing. Karl Krekeler, Technische Hochschule Aachen
Stand und Aussichten der schweißtechnischen Fertigungsverfahren

Heft: 12
Dr. Hermann Rathert, Mitglied des Vorstandes der Vereinigten Glanzstoff-Fabriken A.-G., Wuppertal-Elberfeld
Entwicklung auf dem Gebiet der Chemiefaser-Herstellung
Prof. Dr. Wilhelm Weltzien, Direktor der Textilforschungsanstalt Krefeld
Rohstoff und Veredlung in der Textilwirtschaft

Heft: 13
Dr.-Ing. e. h. Karl Herz, Chefingenieur im Bundesministerium für das Post- und Fernmeldewesen Frankfurt a. Main
Die technischen Entwicklungstendenzen im elektrischen Nachrichtenwesen
Ministerialdirektor Dipl.-Ing. Leo Brandt, Düsseldorf
Navigation und Luftsicherung

Heft 14:
Prof. Dr. Burckhardt Helferich, Universität Bonn
Stand der Enzymchemie und ihre Bedeutung
Prof. Dr. med. Hugo W. Knipping, Direktor der Med. Universitätsklinik Köln
Ausschnitt aus der klinischen Carcinomforschung am Beispiel des Lungenkrebses

Heft 15:
Prof. Dr. Abraham Esau, Technische Hochschule Aachen
Die Bedeutung von Wellenimpulsverfahren in Technik und Natur
Prof. Dr.-Ing. Eugen Flegler, Technische Hochschule Aachen
Die ferromagnetischen Werkstoffe in der Elektrotechnik und ihre neueste Entwicklung

Heft 16:
Prof. Dr. rer. pol. Rudolf Seyffert, Universität Köln
Die Problematik der Distribution
Prof. Dr. rer. pol. Theodor Beste, Universität Köln
Der Leistungslohn

Heft 17:
Prof. Dr.-Ing. Friedrich Seewald, Technische Hochschule Aachen
Die Flugtechnik und ihre Bedeutung für den allgemeinen technischen Fortschritt
Prof. Dr.-Ing. Edouard Houdremont, Essen
Art und Organisation der Forschung in einem Industriekonzern

Heft 18:
Prof. Dr. med. Dr. phil. W. Schulemann, Universität Bonn
Theorie und Praxis pharmakologischer Forschung
Prof. Dr. Wilhelm Groth, Direktor des Physikalisch-Chemischen Instituts, Universität Bonn
Technische Verfahren zur Isotopentrennung

Heft 19:
Dipl.-Ing. Kurt Traenckner, Stellvertr. Vorstandsmitglied der Ruhrgas-A.G., Essen
Entwicklungstendenzen der Gaserzeugung

Heft 20:
M. Zvegintzov
Wissenschaftliche Forschung und die Auswertung ihrer Ergebnisse. Ziel und Tätigkeit der National Research Development Corporation
Dr. Alexander King, Department of Scientific & Industrial Research, London
Wissenschaft und internationale Beziehungen

Heft 21:
Prof. Dr. phil. Robert Schwarz, Aachen
Wesen und Bedeutung der Silicium-Chemie
Prof. Dr. Kurt Alder, Universität Köln
Fortschritte in der Synthese von Kohlenstoffverbindungen

Heft 21 a
Jahresfeier der Arbeitsgemeinschaft für Forschung des Landes Nordrhein-Westfalen am 21. 5. 1952 in Düsseldorf mit Ansprachen des Herrn Bundespräsidenten Professor Dr. Theodor Heuss, des Herrn Ministerpräsidenten Arnold, Frau Kultusminister Teusch, der Herren Professor Dr. Hahn, Professor Dr. Strugger, Vizepräsident Dobbert, Professor Dr. Richter, Professor Dr. Fucks.

Heft 22:
Prof. Dr. Johannes von Allesch, Universität Göttingen
Die Bedeutung der Psychologie im öffentlichen Leben
Prof. Dr. med. Otto Graf, Max-Planck-Institut für Arbeitsphysiologie, Dortmund
Triebfedern menschlicher Leistung

Heft 23:
Prof. Dr. phil. Dr. jur. h. c. Bruno Kuske, Universität Köln
Probleme der Raumforschung
Prof. Dr. Dr.-Ing. e. h. Prager
Städtebau und Landesplanung

Heft 24:
Prof. Dr. Rolf Danneel, Universität Bonn
Über die Wirkungsweise der Erbfaktoren
Prof. Dr. K. Herzog, Medizinische Akademie Düsseldorf
Bewegungsbedarf der menschlichen Gliedmaßengelenke bei der Berufsarbeit

Heft 25:
Prof. Dr. O. Haxel, Heidelberg
Energiegewinnung aus Kernprozessen
Dr. Dr. Max Wolf, Düsseldorf
Gegenwartsprobleme der energiewirtschaftlichen Forschung

Heft 26:
Prof. Dr. Friedrich Becker, Universität Bonn
Ultrakurzwellen aus dem Weltraum, ein neues Forschungsgebiet der Astronomie
Dozent Dr. H. Straßl, Bonn
Bemerkenswerte Doppelsterne und das Problem der Sternentwicklung

Heft 27:
Prof. Dr. Heinrich Behnke, Universität Münster
Der Strukturwandel der Mathematik in der ersten Hälfte des 20. Jahrhunderts
Prof. Dr. E. Sperner, Bonn
Eine mathematische Analyse der Luftdruckverteilungen in großen Gebieten

Heft 28:
Prof. Dr. O. Niemczyk, Aachen
Die Problematik gebirgsmechanischer Vorgänge im Steinkohlenbergbau
Prof. Dr. W. Ahrens, Krefeld
Die Bedeutung geologischer Forschung für die Wirtschaft, besonders in Nordrhein-Westfalen

Heft 29:
Prof. Dr. B. Rensch, Münster
Das Problem der Residuen bei Lernleistungen
Prof. Dr. H. Fink, Köln
Über Leberschäden bei der Bestimmung des biologischen Wertes verschiedener Eiweiße von Mikroorganismen

Heft 30:
Prof. Dr.-Ing. F. Seewald, Aachen
Forschungen auf dem Gebiete der Aerodynamik
Prof. Dr.-Ing. K. Leist, Aachen
Forschungen in der Gasturbinentechnik

Heft 31:
Direktor Dr. F. Mietzsch, Wuppertal
Chemie und wirtschaftliche Bedeutung der Sulfonamide
Prof. Dr. G. Domagk, Wuppertal
Die experimentellen Grundlagen der Chemotherapie der bakteriellen Infektionen

Heft 32:
Prof. Dr. Hans Braun, Universität Bonn
Die Verschleppung von Pflanzenkrankheiten und -schädlingen über die Welt
Prof. Dr. Wilhelm Rudorf, Max-Planck-Institut für Züchtungsforschung, Voldagsen
Der Beitrag von Genetik und Züchtung zur Bekämpfung von Viruskrankheiten der Nutzpflanzen

Heft 33:
Prof. Dr.-Ing. V. Aschoff, Aachen
Probleme der elektroakustischen Einkanalübertragung
Prof. Dr.-Ing. H. Döring, Aachen
Erzeugung und Verstärkung von Mikrowellen

Heft 34:
Geheimrat Prof. Dr. Rudolf Schenck, Aachen
Bedingungen und Gang der Kohlenhydratsynthese im Licht
Prof. Dr. Emil Lehnartz, Universität Münster
Die Endstufen des Stoffabbaus im Organismus

Heft 35:
Prof. Dr.-Ing. H. Schenk, Aachen
Gegenwartsprobleme der Eisenindustrie in Deutschland
Prof. Dr.-Ing. E. Piwowarsky, Aachen
Gelöste und ungelöste Probleme des Gießereiwesens

Heft 36:
Prof. Dr. W. Riezler, Bonn
Teilchenbeschleuniger
Prof. Dr. med. G. Schubert, Hamburg
Anwendung neuer Strahlenquellen in der Krebstherapie

Heft 37:
Prof. Dr. F. Lotze, Münster
Probleme der Gebirgsbildung
Bergwerksdirektor Bergassessor a. D. Rauschenbach, Essen
Die Erhaltung der Förderungskapazität des Ruhrbergbaues auf lange Sicht

Heft 38:
Dr. E. C. Cherry, D. Sc., A.M.I.E.E., London
Cybernetics
Prof. Dr. E. Pietsch, Clausthal-Zellerfeld
Dokumentation und mechanisches Gedächtnis — zur Frage der Ökonomie der geistigen Arbeit

Heft 39:
Dr. H. Haase, Hamburg
Infrarot und seine technischen Anwendungen
Prof. Dr. A. Esau, Aachen
Die Bedeutung des Ultraschalls für technische Anwendungsgebiete

Heft 40:
Bergassessor F. Lange, Bochum-Hordel
Die wissenschaftliche und soziale Bedeutung der Silikose im Bergbau
Prof. Dr. W. Kikuth, Düsseldorf
Die Entstehung der Silikose und ihre Verbreitungsmaßnahmen

Heft 40a:
Prof. Dr. E. Groß, Bonn
Berufskrebs und Krebsforschung
Prof. Dr. H. W. Knipping, Köln
Die Situation der Krebsforschung vom Standpunkt der Klinik und des praktischen Arztes

Heft 41:
Dr.-Ing. G. V. Lachmann, Teddington
An einer neuen Entwicklungsschwelle im Flugzeugbau
Dr. A. Gerber, Zürich
Stand der Entwicklung der Raketen- und Lenktechnik

Heft 42:
Prof. Dr. Theodor Kraus, Köln
Lokalisationsphänomene und Raumordnung vom Standpunkt der geographischen Wissenschaft
Direktor Dr. Fritz Gummert, Essen
Vom Ernährungsversuchsfeld der Kohlenstoffbiologischen Forschungsstation Essen (Ein 6 Jahre lang

durchgeführter Versuch, einen Menschen aus dem Ertrag von 1250 qm zu ernähren).

Heft 43:
Prof. Giovanni Lampariello, Rom
Über Leben und Werk von Heinrich Hertz
Prof. Dr. Walter Weizel, Bonn
Über das Problem der Kausalität in der Physik

Heft 44:
Prof. Dr. Burckhardt Helferich, Bonn
Über Glykoside
Prof. Dr. Fritz Micheel, Münster
Kohlenhydrat-Eiweißverbindungen und ihre biochemische Bedeutung

Heft 45:
Prof. Dr. John von Neumann, Princeton/USA
Entwicklung und Ausnutzung neuerer mathematischer Maschinen
Prof. Dr. E. Stiefel, Zürich
Rechenautomaten im Dienste der Technik mit Beispielen aus dem Züricher Institut für angewandte Mathematik

Geisteswissenschaften

Heft 1:
Prof. Dr. W. Richter, Bonn,
Die Bedeutung der Geisteswissenschaften für die Bildung unserer Zeit
Prof. Dr. J. Ritter, Münster,
Die aristotelische Lehre vom Ursprung und Sinn der Theorie

Heft 2:
Prof. Dr. J. Kroll, Köln,
Elysium
Prof. Dr. G. Jachmann, Köln,
Die vierte Ekloge Vergils

Heft 3:
Prof. Dr. H. E. Stier, Münster,
Die klassische Demokratie

Heft 4:
Prof. Dr. W. Caskel, Köln,
Lihjan und Lihjanisch. Sprache und Kultur eines früharabischen Königreiches

Heft 5:
Prof. Dr. Th. Ohm, Münster,
Stammesreligionen im südlichen Tanganyika-Territorium. — Religionswissenschaftliche Ergebnisse meiner Ostafrikareise 1951

Heft 6:
Prälat Prof. Dr. G. Schreiber, Münster,
Deutsche Wissenschaftspolitik von Bismarck bis zum Atomphysiker Otto Hahn

Heft 7:
Prof. Dr. W. Holtzmann, Bonn,
Das mittelalterliche Imperium und die werdenden Nationen

Heft 8:
Prof. Dr. W. Caskel, Köln,
Die Bedeutung der Beduinen in der Geschichte der Araber

Heft 9:
Prälat Prof. Dr. Georg Schreiber, Münster
Iroschottische Motive im abendländischen Sakralraum

Heft 10:
Prof. Dr. P. Rassow, Köln,
Forschungen zur Reichsidee im 16. und 17. Jahrhundert

Heft 11:
Prof. Dr. H. E. Stier, Münster,
Roms Aufstieg zur Weltherrschaft

Heft 12:
Prof. Dr. D. K. H. Rengstorf, Münster,
Zum Problem der Gleichberechtigung zwischen Mann und Frau auf dem Boden des Urchristentums
Prof. Dr. H. Conrad, Bonn,
Grundprobleme einer Reform des Familienrechts

Heft 13:
Professor Dr. Max Braubach, Bonn,
Der Weg zum 20. Juli 1944 — Ein Forschungsbericht

Heft 14:
Prof. Dr. Paul Hübinger, Münster
Das deutsch-französische Verhältnis und seine mittelalterlichen Grundlagen

Heft 15:
Prof. Dr. Franz Steinbach, Bonn,
Der geschichtliche Weg des wirtschaftenden Menschen in die soziale Freiheit und politische Verantwortung

Heft 16:
Prof. Dr. Josef Koch, Köln,
Die Ars coniecturalis des Nikolaus von Cues

Heft 17:
Dr. James B. Conant,
U.S.-Hochkommissar für Deutschland,
Staatsbürger und Wissenschaftler
Prof. Dr. D. Karl Heinrich Rengstorf, Münster,
Antike und Christentum

Heft 18:
Prof. Dr. Richard Alewyn, Köln,
Klopstocks Publikum

Heft 19:
Prof. Dr. Fritz Schalk, Köln,
Das Lächerliche in der französischen Literatur des Ancien Régime

Heft 20:
Prof. Dr. Ludwig Raiser, Bad Godesberg,
Präsident der Deutschen Forschungsgemeinschaft
Rechtsfragen der Mitbestimmung

Heft 21:
Prof. D. Martin Noth, Bonn,
Das Geschichtsverständnis der alttestamentlichen Apokalyptik

Heft 22:
Prof. Dr. Walter F. Schirmer, Bonn
Glück und Ende der Könige in Shakespeares Historien

Heft 23:
Prof. Dr. Günther Jachmann, Köln
Der homerische Schiffskatalog und die Ilias

Heft 24:
Prof. Dr. Theodor Klauser, Bonn
Die römischen Petrustraditionen im Lichte der neuen Ausgrabungen unter der Peterskirche

Heft 25:
Prof. Dr. Hans Peters, Köln
Der Grundsatz der Gewaltentrennung in heutiger Sicht

Heft 26:
Prof. Dr. Fritz Schalk, Köln
Calderon und die Mythologie

Heft 27:
Prof. Dr. Josef Kroll, Köln
Vom Leben Geflügelter Worte

Heft 28:
Prof. Dr. Thomas Ohm
Die Religionen in Asien

Heft 29:
Prof. Dr. Leo Weisgerber, Bonn
Die Ordnung der Sprache im persönlichen und öffentlichen Leben

Heft 30:
Prof. Dr. Werner Caskel, Köln
Entdeckungen in Arabien

Heft 31:
Prof. Dr. Max Braubach, Bonn
Entstehung und Entwicklung der landesgeschichtlichen Bestrebungen und historischen Vereine im Rheinland

Heft 32:
Prof. Dr. Fritz Schalk, Köln
Somnium und verwandte Wörter in den romanischen Sprachen

If you have any concerns about our products,
you can contact us on
ProductSafety@springernature.com

In case Publisher is established outside the EU,
the EU authorized representative is:
**Springer Nature Customer Service Center GmbH
Europaplatz 3, 69115 Heidelberg, Germany**

Printed by Libri Plureos GmbH
in Hamburg, Germany